四川省工程建设标准体系
市容环境卫生工程设计部分
（2014 版）

Sichuan Sheng Gongcheng Jianshe Biaozhun Tixi
Shirong Huanjing Weisheng Gongcheng Sheji Bufen

中国市政工程西南设计研究总院　主编

西南交通大学出版社

·成 都·

图书在版编目（CIP）数据

四川省工程建设标准体系市容环境卫生工程设计部分：2014 版 / 中国市政工程西南设计研究总院主编. —成都：西南交通大学出版社，2014.9

ISBN 978-7-5643-3360-7

Ⅰ. ①四… Ⅱ. ①中… Ⅲ. ①城市卫生－环境卫生－市政工程－建筑设计－标准－四川省－2014 Ⅳ. ①TU993-65

中国版本图书馆 CIP 数据核字（2014）第 199259 号

四川省工程建设标准体系市容环境卫生工程设计部分
（2014 版）

中国市政工程西南设计研究总院　主编

责 任 编 辑	张　波
助 理 编 辑	姜锡伟
封 面 设 计	墨创文化
出 版 发 行	西南交通大学出版社 （四川省成都市金牛区交大路 146 号）
发 行 部 电 话	028-87600564　028-87600533
邮 政 编 码	610031
网　　　　址	http://www.xnjdcbs.com
印　　　　刷	成都蜀通印务有限责任公司
成 品 尺 寸	210 mm × 285 mm
印　　　　张	5.25
字　　　　数	99 千字
版　　　　次	2014 年 9 月第 1 版
印　　　　次	2014 年 9 月第 1 次
书　　　　号	ISBN 978-7-5643-3360-7
定　　　　价	37.00 元

图书如有印装质量问题　本社负责退换

四川省住房和城乡建设厅
关于发布《四川省工程建设标准体系》的通知

川建标发〔2014〕377号

各市州住房城乡建设行政主管部门：

为确保科学、有序地推进我省工程建设标准化工作，制订符合我省实际需要的房屋建筑和市政基础设施建设标准，我厅组织科研院所、大专院校、设计、施工、行业协会等单位开展了《四川省工程建设标准体系》的编制工作。工程勘察测量与地基基础、建筑工程设计、建筑工程施工、建筑节能与绿色建筑、市政工程设计和市容环境卫生工程设计6个部分已编制完成，经广泛征求意见和组织专家审查，现予以发布。

四川省住房和城乡建设厅

2014 年 6 月 27 日

四川省工程建设标准体系

市容环境卫生工程设计部分

编　委　会

编委会成员：殷时奎　　陈跃熙　　李彦春　　康景文　　王金雪

　　　　　　吴　体　　张　欣　　牟　斌　　清　沉

主编单位：中国市政工程西南设计研究总院

主要编写人员：吴济华　　李永红　　李彦春　　丁　扬　　李光倜

　　　　　　　曾　曦　　付浩程　　罗万申　　赵远清　　银　剑

前　言

　　工程建设标准是从事工程建设活动的重要技术依据和准则，对贯彻落实国家技术经济政策、促进工程技术进步、规范建设市场秩序、确保工程质量安全、保护生态环境、维护公众利益以及实现最佳社会效益、经济效益、环境效益，都具有非常重要的作用。工程建设标准体系各标准之间存在着客观的内在联系，它们相互依存、相互制约、相互补充和衔接，构成一个科学的有机整体。建立和完善工程建设标准体系可以使工程建设标准结构优化、数量合理、全面覆盖、减少重复和矛盾，达到最佳的标准化效果。

　　我省自开展工程建设标准化工作以来，在工程建设领域组织编写了大量的标准，较好地满足了工程建设活动的需要，在确保建设工程的质量和安全，促进我省工程建设领域的技术进步、保证公众利益、保护环境和资源等方面发挥了重要作用。随着我国经济不断发展，新技术、新材料、新工艺、新设备的大量涌现，迫切需要对工程建设标准进行不断补充和完善。面对新形势、新任务、新要求，为进一步加强我省工程建设标准化工作，需对现有的工程建设国家标准、行业标准和四川省工程建设地方标准进行梳理，制定今后一定时期四川省工程建设需要的地方标准，构建符合四川省省情的工程建设标准体系。为此，四川省住房和城乡建设厅组织开展了《四川省工程建设标准体系》的研究和编制工作，目前完成了房屋建筑和市政基础设施领域的工程勘察测量与建筑地基基础、建筑工程设计、建筑工程施工、建筑节能与绿色建筑、市政工程设计、市容环境卫生工程设计等六个部分的标准体系编制。

　　本部分标准体系为市容环境卫生工程设计部分，标准体系针对我省工程建设发展的实际需要，在科学总结以往实践经验的基础上，全面分析了市容环境卫生工程设计领域的国内外技术和标准发展现状及趋势，提出了符合我省需要的工程建设地方标准体系，是目前和今后一段时期内我省市容环境卫生工程设计领域标准制定、修订和管理工作的基本依据。同时，我们出版本部分标准体系也供相关人员学习参考。

本部分标准体系编制截止于 2014 年 5 月 31 日，共收录现行、在编工程建设国家标准、行业标准、四川省工程建设地方标准及待编四川省工程建设地方标准 350 个。欢迎社会各界对四川省工程建设现行地方标准提出修订意见和建议，积极参与在编或待编地方标准的制定工作。对本部分标准体系如有修改完善的意见和建议，请将有关资料和建议寄送四川省住房和城乡建设厅标准定额处（地址：成都市人民南路四段 36 号，邮政编码：610041，联系电话：028-85568204）。

目　　录

第1章 编制说明

1.1 标准体系总体构成

市容环境卫生工程设计部分标准体系主要包括以下四个方面的内容：

1. 综　述

在标准体系调研报告的基础上，论述了国内外的技术发展、国内外技术标准的现状和发展趋势、现行标准的立项等问题以及新制定专业标准体系的特点。

2. 标准体系框图

各专业的标准体系，按照各自学科或专业内涵排列，在体系框图中竖向分为三层，第一层为基础标准，第二层为通用标准，第三层为专用标准。上层标准的内容包括了其以下各层标准的某个或某方面的共性技术要求，并指导其下各层标准，共同成为综合标准的技术支撑。

3. 标准体系表

标准体系表是在标准体系框图的基础上，按照标准内在联系排列起来的图表，标准体系表的栏目包括：标准的体系编码、标准名称、与该标准相关的现行标准编号和备注。

4. 项目说明

项目说明重点说明各项标准的适用范围、主要内容、与标准体系的关系等，待编四川省工程建设地方标准主要说明待编的原因和理由。

1.2　标准体系编码说明

工程建设标准体系中每项标准的编码具有唯一性，标准项目编码由部分号、专业号、层次号、门类号和顺序号组成，如图1。

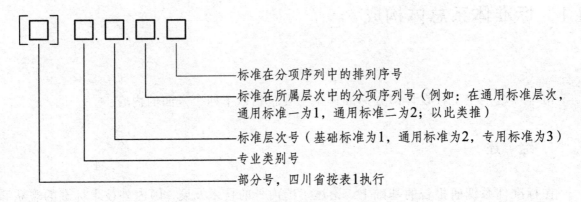

图 1　标准体系编码说明

表 1　四川省工程建设标准体系部分号

部分名称	部分号
工程勘察测量与地基基础	1
建筑工程设计	2
建筑工程施工	3
建筑节能与绿色建筑	4
市政工程设计	5
市容环境卫生工程设计	6

1.3 标准代号说明

序 号	标准代号	说 明
一	国家标准	
1	GB、GB/T	国家标准
2	GBJ	原国家基本建设委员会审批、发布的标准
3	GBZ	国家职业卫生标准
二	行业标准	
4	JG、JG/T、JGJ、JGJ/T	建设工业行业标准
5	CJ、CJ/T、CJJ、CJJ/T	城镇建设行业标准
6	HJ、HJ/T	环境保护行业标准
7	DL、SL	电力工业及水利水电行业标准
8	JT、JTT	交通运输行业标准
9	SH	石油化工行业标准
10	HG	化学工业行业标准
11	JBJ	机械工业行业标准
12	QC/T	汽车行业标准
13	TSG	特种设备规范
三	地方标准	
14	DB51、DB51/T、DBJ51、DBJ51/T	四川省工程建设地方标准

注：表中标准代号带分母"T"的均为推荐性标准。

1.4 标准数量汇总

现行			在编			待编			合计
国标	行标	地标	国标	行标	地标	国标	行标	地标	
190	120	5	4	2	0	0	0	29	350

第2章 标准体系

2.1 综 述

环境与发展是当今国际社会普遍关注的重大问题，保护环境是人类社会发展面临的重要任务。市容环境卫生的建设和管理是一个社会性、综合性、整体性很强的系统工程，是城镇容貌整体水平、城镇形象和全民素质的综合反映。市容环境卫生设施建设主要包括市容景观和环境卫生两大方面，其中市容景观方面又包含景观灯光和户外广告两部分，环境卫生方面则主要体现在城市固废处理。

市容环境卫生设施建设是城市现代化建设的重要组成部分。为确保市容环境卫生设施工程设计和工程建设质量，提高市容环境卫生管理水平，应有一批高质量的技术标准来保证。

2.1.1 国内外市容环境卫生技术的发展

1. 国内技术状况

1）现 状

国内生活废弃物的收集、运输、处理处置由市容环境卫生部门负责管理。目前的基本状况是：混合收集、小车散装运输、集中处理处置，设施及设备均由政府投资、管理、作业，处于末端处理阶段。就处理处置技术而言，目前建有 900 多个垃圾处理场（厂），处理率约为 70%，而无害化处理率较低，绝大多数采取填埋技术；焚烧技术在沿海地区及内陆部分大中城市已经开始应用，截至 2012 年，全国垃圾焚烧厂数量已攀升到 130 多座，50 多座在建。堆肥技术发展缓慢，大部分处理处置设施技术含量低，对环境造成的二次污染影响令人担忧。

城市市容景观设施建设有了一定的发展，新技术的应用得到重视，城市夜景照明工程建设在部分大中城市启动并取得较好效果；但是户外广告建设尚不够规范，安全措施有待加强。

2）发　展

生活废弃物收集、运输、处理处置的发展趋势是：源头减量、分类收集、压缩或集装箱运输，减量化、资源化、无害化处理处置；积极推进垃圾处理的产业化进程，逐步实现投资多元化、管理规范化、作业市场化；逐步由末端治理向全过程管理方向发展。发展的基本方向可归纳为以下几个方面：由堆放向无害化处理方向发展；由治标为主向标本兼治方向发展；由技术水平较低向技术水平较高方向发展；由混合处理向分类处理方向发展；由单一处理方式向综合处理系统方向发展；由以无害化为主向减量化、资源化并重方向发展；由重末端处理向源头管理方向发展。

从系统管理的角度出发，抓好垃圾源头减量工作，尽量减少垃圾，将已产生垃圾最大限度回收利用，再通过无害化、堆肥、焚烧制能等工程技术措施减容及进一步资源化，是符合循环经济和可持续发展要求的做法。

随着城市现代化进程的加快，景观灯光和户外广告将作为新兴的科学技术进入城市管理的前沿阵地。城市将运用高新科技手段加强设施设置和建设，从亮起来到美起来，从分散建设到有规划地推进，从追求数量到讲究景观质量和艺术效果，从一般光源使用到融入新科技手段，向绿色照明、保护环境方向发展。总之，市容环境向可持续发展方向发展——市容环境干净、整洁，对污染进行有效控制，不对环境造成新的破坏，满足子孙后代生存和发展的需要。

2. 国外技术状况

1）现　状

由于城市生活废弃物复杂，并受经济发展水平、能源结构、自然条件及传统习惯因素的影响，很难有统一模式，所以国外对城市生活废弃物的处理方式一般随国情而异，往往一个国家内的各地区也采用不同的处理方式，但最终都是以减量化、资源化、无害化为处理目标。从应用技术看，国外主要有填埋、焚烧、堆肥、综合利用等方式，机械化程度较高，且生活废弃物的收集、运输、处理处置一般由私营企业来承担，管理由政府部门或委托中介机构负责。发达国家基本实现：分类收集、分类运输、综合利用、无害化处理。发展中国家生活废弃物处理率低，处理设施简陋。

2）发 展

发达国家选择生活垃圾处理方式的一般原则：首先是通过分类收集，尽可能对生活垃圾中的有用物质进行回收和循环利用；其次是尽可能对生活垃圾中的可生物降解物进行堆肥处理；再次是尽可能对生活垃圾中的可燃物进行焚烧处理；最后是对不能进行其他处理的垃圾进行填埋处置。

总体而言，生活废弃物处理处置大致可分为五个基本阶段：分散简易处理，集中简易处理，无害化处理，以资源化为主的综合处理，生态型的循环利用。国内目前基本处于第二、三阶段或第三阶段向第四阶段过渡期间；国外基本处于第四阶段，或第四阶段向第五阶段过渡期间。

2.1.2 国内外技术标准现状

1. 国内市容环境卫生技术标准现状

我国市容环境卫生标准的制定工作起步较晚，20 世纪 80 年代中期才开始，90 年代有了较快的发展，初步满足了实际需要。但从总体上看，市容环境卫生标准仍落后于城市建设的发展。如垃圾焚烧处理、垃圾填埋处理标准需要继续充实和完善，新兴环境卫生作业服务管理标准相对滞后，原有的一些环境卫生标准因当时历史条件，也有欠缺和不完善的地方。因此，应按照城市固体废物处理及污染防治技术政策的规定和可持续发展的原则，制定、完善市容环境卫生标准，建立科学的、完整的、可操作的标准体系，满足城市建设发展。

2. 国外市容环境卫生标准发展趋势

在过去几十年里，随着公众环境意识的增强、技术经济的进步和发展，发达国家相继建立起了比较完善的城市垃圾处理标准体系。

美国在 1965 年由国会通过《固体废弃物处置法》（SWDA），随着环境标准的提高，于 1970 年将《固体废弃物处置法》的有关内容修改。于 1976 年通过《资源保护和回收利用法》（RCRA），该法案为美国对固体废弃物处置和管理的基本大法，也是制定固体废弃物控制标准的依据。

德国在 1972 年就制定实施了《废弃物处理法》，当时主要用以解决如何"处理"废弃物的问题。1986 年，该法被修改为《废弃物限制处理法》，强调采用节约资源的工艺技术和可循环的包装，把避免废弃物的产生作为废物管理的首要目标。1994 年，德国又颁布了《循环经济和废物处置法》，规定对废物管理的手段首先是尽量避免产生，同时要求对已经产生的废物进行循环利用和最终资源化的处置。

日本是世界上固体废弃物处理相关立法比较完善的典型，主要有《固体废弃物管理和公共清洁法（1970 年制定，1991 年修订)》、《资源再生利用促进法》（1991 年）、《资源有效利用促进法》（2000 年）、《绿色采购法》（2001 年）等。

总体来说，欧美及亚洲发达国家对固体废弃物的处理趋势主要是以减量化、资源化、无害化并遵循循环经济和可持续发展原则，在此基础上制定各类控制标准。

2.1.3　工程技术标准体系

1. 现行标准存在的问题

1993 年，建设部组织编制了第一个环境卫生标准体系草案，该草案涉及环境卫生产品和工程技术标准。鉴于该草案工程标准数量较少、内容单一，建设部于 2002 年编制了《工程建设标准体系-城镇市容环境卫生专业》，与 1993 年的草案相比，该标准体系在标准数量上得以增加，也更为充实。但是由于该标准体系颁布至今已十余年，体系中很多标准已被新颁布的标准所替代，并且本行业又有新的标准颁布，因此，原标准体系已不能满足市容环境卫生行业的发展要求，需在原标准体系的基础上进行完善。同时，由于该标准体系为全国统一标准体系，未包含地方标准，在具体应用时会受到一定的限制。鉴于此，制定出适用于四川省的工程建设标准体系显得尤为重要。

2. 本标准体系的特点

（1）进一步细化标准门类。根据市容环境卫生系统工程的特点，分为市容景观、环境保护、生活垃圾处理、其他固废处理、环境卫生设计、环境卫生设备、其他环境卫生标准、结构工程标准、电气工程标准以及自控工程标准等 10 个门类。市容景观通用标准和专用标准内容仍以景观灯光和户外广告为重点；其余 9 个门类则均与环境卫生相关。

（2）大幅增加新的标准项目。根据市容环境卫生的发展和需要，新增加了环境保护、环境卫生设计、环境卫生设备等方面的标准，并对原标准体系涉及的标准进行补充完善。

本标准体系含有标准共 350 项：基础标准 11 项、通用标准 105 项、专用标准 234 项；其中现行标准 315 项，在编标准 6 项，待编标准 29 项。本标准体系是开放性的，技术标准名称、内容和数量均可根据需要而适时调整。

2.2 标准体系框图

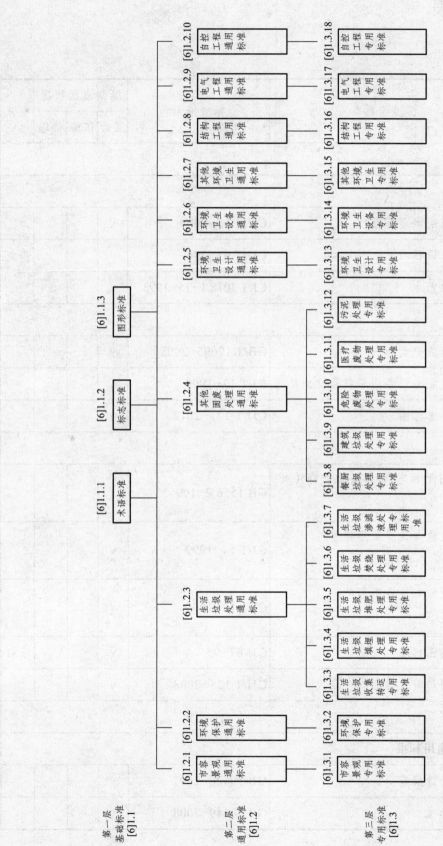

图2 市容环境卫生工程设计部分标准体系框图

2.3 标准体系表

体系编码	标准名称	标准编号	编制出版状况 现行	在编	待编	备注
[6]1.1	**基础标准**					
[6]1.1.1	**术语标准**					
[6]1.1.1.1	市容环境卫生术语标准	CJJ/T 65-2004	√			
[6]1.1.1.2	园林基本术语标准	CJJ/T 91-2002	√			修订
[6]1.1.1.3	生活垃圾渗沥水 术语	CJ/T 3018.1-15-1993	√			
[6]1.1.2	**标志标准**					
[6]1.1.2.1	城市生活垃圾分类标志	GB/T 19095-2008	√			
[6]1.1.2.2	环境卫生设施与设备图形符号设施标志	CJ/T 13-1999	√			
[6]1.1.2.3	风景园林标志标准	CJJ/T 171-2012	√			
[6]1.1.3	**图形标准**					
[6]1.1.3.1	环境保护图形标志-固体废物贮存（处置）场	GB 1556.2-1995	√			
[6]1.1.3.2	环境卫生设施与设备图形符号 设施图例	CJ/T 14-1999	√			
[6]1.1.3.3	环境卫生设施与设备图形符号 机械与设备	CJ/T 15-1999	√			
[6]1.1.3.4	风景园林制图标准	CJJ 67-95	√			修订
[6]1.1.3.5	环境卫生图形符号标准	CJJ/T 125-2008	√			
[6]1.2	**通用标准**					
[6]1.2.1	**市容景观通用标准**					
[6]1.2.1.1	城市绿地设计规范	GB 50420-2007	√			
[6]1.2.1.2	城市容貌标准	GB 50449-2008	√			

体系编码	标准名称	标准编号	现行	在编	待编	备注
			编制出版状况			
[6]1.2.1.3	城市园林绿化评价标准	GB/T 50563-2010	√			
[6]1.2.1.4	园林绿化工程工程量计算规范	GB 50858-2013	√			
[6]1.2.1.5	城市道路照明设计标准	CJJ 45-2006	√			
[6]1.2.1.6	公园设计规范	CJJ 48-92	√			
[6]1.2.1.7	城市户外广告设施技术规范	CJJ 149-2010	√			
[6]1.2.1.8	城市道路绿化规划与设计规范	CJJ 75-97	√			
[6]1.2.1.9	城市绿化工程施工及验收规范	CJJ/T 82-99	√			
[6]1.2.1.10	城市绿地分类标准	CJJ/T 85-2002	√			修订
[6]1.2.1.11	城市道路照明工程施工及验收规程	CJJ 89-2012	√			
[6]1.2.1.12	城市夜景照明设计规范	JGJ/T 163-2008	√			
[6]1.2.1.13	镇（乡）村绿地分类标准	CJJ/T 168-2011	√			
[6]1.2.1.14	城市绿线划定技术规范			√		国标
[6]1.2.1.15	城市景观灯光设施规划规范				√	地标
[6]1.2.1.16	城市景观灯光集控工程技术规范				√	地标
[6]1.2.1.17	城市道路保洁技术规程				√	地标
[6]1.2.2	**环境保护通用标准**					
[6]1.2.2.1	工业企业设计卫生标准	GBZ 1-2010	√			
[6]1.2.2.2	环境空气质量标准	GB 3095-2012	√			
[6]1.2.2.3	声环境质量标准	GB 3096-2008	√			
[6]1.2.2.4	地表水环境质量标准	GB 3838-2002	√			
[6]1.2.2.5	污水综合排放标准	GB 8978-1996	√			
[6]1.2.2.6	机场周围飞机噪声环境标准	GB 9660-88	√			
[6]1.2.2.7	城市区域环境振动标准	GB 10070-88	√			
[6]1.2.2.8	城市区域环境振动测量方法	GB 10071-88	√			

体系编码	标准名称	标准编号	编制出版状况			备注
			现行	在编	待编	
[6]1.2.2.9	作业场所局部振动卫生标准	GB 10434-89	√			
[6]1.2.2.10	核辐射环境质量评价一般规定	GB 11215-1989	√			
[6]1.2.2.11	工业企业厂界环境噪声排放标准	GB 12348-2008	√			
[6]1.2.2.12	建筑施工场界环境噪声排放标准	GB 12523-2011	√			
[6]1.2.2.13	城市区域环境噪声测量方法	GB/T 14326-93	√			
[6]1.2.2.14	恶臭污染物排放标准	GB 14554-93	√			
[6]1.2.2.15	地下水质量标准	GB/T 14848-93	√			
[6]1.2.2.16	城市区域环境噪声适用区划分技术规范	GB/T 15190-94	√			
[6]1.2.2.17	土壤环境质量标准	GB 15618-1995	√			
[6]1.2.2.18	大气污染物综合排放标准	GB 16297-1996	√			
[6]1.2.2.19	医疗机构水污染物排放标准	GB 18466-2005	√			
[6]1.2.2.20	一般工业固体废物贮存、处置场污染控制标准	GB 18599-2001	√			
[6]1.2.2.21	电离射线防护与辐射源安全基本标准	GB 18871-2002	√			
[6]1.2.2.22	室内空气质量标准	GB/T 18883-2002	√			
[6]1.2.2.23	社会生活环境噪声排放标准	GB 22337-2008	√			
[6]1.2.2.24	民用建筑工程室内环境污染控制规范	GB 50325-2010	√			
[6]1.2.2.25	污水排入城市下水道水质标准	CJ 343-2010	√			
[6]1.2.2.26	再生水回用于景观水体的水质标准	CJ/T 95-2000	√			
[6]1.2.2.27	汽车危险货物运输规则	JT 3130-1988	√			
[6]1.2.2.28	四川省大气污染物排放标准	DB51/ 183-93	√			
[6]1.2.2.29	四川省水污染物排放标准	DB51/ 190-93	√			
[6]1.2.3	**生活垃圾处理通用标准**					
[6]1.2.3.1	城市生活垃圾分类及其评价标准	CJJ/T 102-2004	√			

体系编码	标准名称	标准编号	编制出版状况			备注
			现行	在编	待编	
[6]1.2.3.2	城市生活垃圾产量计算及预测方法	CJ/T 106-1999	√			
[6]1.2.3.3	生活垃圾收集站技术规程	CJJ 179-2012	√			
[6]1.2.3.4	塑料垃圾桶通用技术条件	CJ/T 280-2008	√			
[6]1.2.3.5	生活垃圾采样和物理分析方法	CJ/T 313-2009	√			
[6]1.2.3.6	生活垃圾产生源分类及其排放	CJ/T 368-2011	√			
[6]1.2.3.7	生活垃圾收集技术规范				√	地标
[6]1.2.3.8	城市生活垃圾成分调查统计方法技术规程				√	地标
[6]1.2.4	**其他固废处理通用标准**					
[6]1.2.4.1	粪便处理厂运行维护及安全技术规范	CJJ 30-2009	√			
[6]1.2.4.2	城市粪便处理厂运行、维护及其安全技术规程	CJJ/T 30-99	√			
[6]1.2.4.3	粪便处理厂设计规范	CJJ 64-2009	√			
[6]1.2.4.4	建筑垃圾处理技术规范	CJJ 134-2009	√			
[6]1.2.4.5	餐厨垃圾处理技术规范	CJJ 184-2012	√			
[6]1.2.5	**环境卫生设计通用标准**					
[6]1.2.5.1	厂矿道路设计规范	GBJ 22-87	√			
[6]1.2.5.2	输气管道工程设计规范	GB 50251-2003	√			
[6]1.2.5.3	城市公共厕所设计标准	CJJ 14-2005	√			
[6]1.2.5.4	聚乙烯燃气管道工程技术规程	CJJ 63-2008	√			
[6]1.2.5.5	燃气用聚乙烯管道焊接技术规则	TSG D 2002-2006	√			
[6]1.2.6	**环境卫生设备通用标准**					
[6]1.2.6.1	城市环境卫生专用设备 清扫、收集、运输	CJ/T 16-1999	√			

体系编码	标准名称	标准编号	编制出版状况			备注
			现行	在编	待编	
[6]1.2.6.2	城市环境卫生专用设备 垃圾转运	CJ/T 17-1999	√			
[6]1.2.6.3	城市环境卫生专用设备 垃圾卫生填埋	CJ/T 18-1999	√			
[6]1.2.6.4	城市环境卫生专用设备 垃圾堆肥	CJ/T 19-1999	√			
[6]1.2.6.5	城市环境卫生专用设备 垃圾焚烧、气化、热解	CJ/T 20-1999	√			
[6]1.2.6.6	城市环境卫生专用设备 粪便处理	CJ/T 21-1999	√			
[6]1.2.7	**其他环境卫生通用标准**					
[6]1.2.7.1	城市环境卫生设施规划规范	GB 50337-2003	√			
[6]1.2.7.2	城市公共厕所设计标准	CJJ 14-2005	√			
[6]1.2.7.3	环境卫生设施设置标准	CJJ 27-2012	√			
[6]1.2.8	**结构工程通用标准**					
[6]1.2.8.1	砌体结构设计规范	GB 50003-2011	√			
[6]1.2.8.2	木结构设计规范	GB 50005-2003	√			修订
[6]1.2.8.3	建筑地基基础设计规范	GB 50007-2011	√			
[6]1.2.8.4	建筑结构荷载规范	GB 50009-2012	√			
[6]1.2.8.5	混凝土结构设计规范	GB 50010-2010	√			
[6]1.2.8.6	建筑抗震设计规范	GB 50011-2010	√			
[6]1.2.8.7	钢结构设计规范	GB 50017-2003	√			修订
[6]1.2.8.8	岩土工程勘察规范（2009年版）	GB 50021-2001	√			
[6]1.2.8.9	动力机器基础设计规范	GB 50040-96	√			
[6]1.2.8.10	建筑结构可靠度设计统一标准	GB 50068-2001	√			
[6]1.2.8.11	工程结构可靠性设计统一标准	GB 50153-2008	√			
[6]1.2.8.12	构筑物抗震设计规范	GB 50191-2012	√			

体系编码	标准名称	标准编号	编制出版状况			备注
			现行	在编	待编	
[6]1.2.8.13	建筑地基基础工程施工质量验收规范	GB 50202-2002	√			
[6]1.2.8.14	砌体结构工程施工质量验收规范	GB 50203-2011	√			
[6]1.2.8.15	混凝土结构工程施工质量验收规范（2011年版）	GB 50204-2002	√			
[6]1.2.8.16	钢结构工程施工质量验收规范	GB 50205-2001	√			
[6]1.2.8.17	木结构工程施工质量验收规范	GB 50206-2012	√			
[6]1.2.8.18	建筑工程抗震设防分类标准	GB 50223-2008	√			
[6]1.2.8.19	建筑工程施工质量验收统一标准	GB 50300-2013	√			
[6]1.2.8.20	铝合金结构设计规范	GB 50429-2007	√			
[6]1.2.8.21	混凝土结构工程施工规范	GB 50666-2011	√			
[6]1.2.8.22	钢结构工程施工规范	GB 50755-2012	√			
[6]1.2.8.23	木结构工程施工规范	GB/T 50772-2012	√			
[6]1.2.8.24	砌体结构工程施工规范			√		国标
[6]1.2.9	电气工程通用标准					
[6]1.2.9.1	外壳防护等级（IP代码）	GB 4208-2008	√			
[6]1.2.9.2	电能质量 公用电网谐波	GB/T 14549-1993	√			
[6]1.2.9.3	建设工程施工现场供用电安全规范	GB 50194-1993	√			
[6]1.2.9.4	建筑工程施工质量验收统一标准	GB 50300-2013	√			
[6]1.2.9.5	建筑电气工程施工质量验收规范	GB 50303-2002	√			
[6]1.2.9.6	安全防范工程技术规范	GB 50348-2004	√			
[6]1.2.10	自控工程通用标准					
[6]1.2.10.1	智能建筑设计标准	GB/T 50314-2006	√			
[6]1.2.10.2	智能建筑工程质量验收规范	GB 50339-2013	√			

体系编码	标准名称	标准编号	编制出版状况			备注
			现行	在编	待编	
[6]1.3	**专用标准**					
[6]1.3.1	**市容景观专用标准**					
[6]1.3.1.1	城市道路除雪作业技术规程	CJJ/T 108-2006	√			
[6]1.3.1.2	城市道路清扫保洁质量与评价标准	CJJ/T 126-2008	√			
[6]1.3.1.3	城市水域保洁作业及质量标准	CJJ/T 174-2013	√			
[6]1.3.1.4	绿化喷洒多用车	CJ/T 5083-1996	√			
[6]1.3.1.5	四川省城市园林绿化技术操作规程	DB51/ 5016-98	√			
[6]1.3.1.6	垂直绿化工程技术规程			√		行标
[6]1.3.1.7	城市景观灯光设计标准				√	地标
[6]1.3.1.8	户外广告设置安全技术规程				√	地标
[6]1.3.1.9	城市建（构）筑物清洁保养验收标准				√	地标
[6]1.3.1.10	绿道规划与设计规范				√	地标
[6]1.3.1.11	古树名木保护技术管理规程				√	地标
[6]1.3.2	**环境保护专用标准**					
[6]1.3.2.1	作业场所激光辐射卫生标准	GB 10435-1989	√			
[6]1.3.2.2	作业场所微波辐射卫生标准	GB 10436-1989	√			
[6]1.3.2.3	居室空气中甲醛的卫生标准	GB/T 16127-1995	√			
[6]1.3.2.4	居住区大气中苯并（a）芘卫生标准	GB 18054-2000	√			
[6]1.3.2.5	居住区大气中甲硫醇卫生标准	GB 18056-2000	√			
[6]1.3.2.6	居住区大气中正己烷卫生标准	GB 18057-2000	√			
[6]1.3.2.7	居住区大气中酚卫生标准	GB 18067-2000	√			
[6]1.3.2.8	建筑施工现场环境与卫生标准	JGJ 146-2004	√			
[6]1.3.2.9	建筑机械与设备噪声限值	JG/T 5079.1-1996	√			

体系编码	标准名称	标准编号	编制出版状况			备注
			现行	在编	待编	
[6]1.3.3	**生活垃圾收集转运专用标准**					
[6]1.3.3.1	生活垃圾转运站运行维护技术规程	CJJ 109-2006	√			
[6]1.3.3.2	生活垃圾转运站技术规范	CJJ 47-2006	√			
[6]1.3.3.3	生活垃圾转运站评价标准	CJJ/T 156-2010	√			
[6]1.3.3.4	生活垃圾转运站压缩机	CJ/T 338-2010	√			
[6]1.3.3.5	生活垃圾转运站运行管理规范				√	地标
[6]1.3.3.6	生活垃圾分类技术规范				√	地标
[6]1.3.3.7	生活垃圾收集系统规划规范				√	地标
[6]1.3.3.8	生活垃圾收集运输管理规范				√	地标
[6]1.3.3.9	生活垃圾分类收集设备设施建设标准				√	地标
[6]1.3.4	**生活垃圾填埋处理专用标准**					
[6]1.3.4.1	生活垃圾填埋场污染控制标准	GB 16889-2008	√			
[6]1.3.4.2	土工合成材料 长丝机织土工布	GB/T 17640-2008	√			
[6]1.3.4.3	生活垃圾卫生填埋场环境监测技术要求	GB/T 18772-2008	√			
[6]1.3.4.4	土工合成材料 机织/非织造复合土工布	GB/T 18887-2002	√			
[6]1.3.4.5	生活垃圾卫生填埋处理技术规范	GB 50869-2013	√			
[6]1.3.4.6	生活垃圾卫生填埋场运行维护技术规程	CJJ 93-2011	√			
[6]1.3.4.7	生活垃圾填埋场无害化评价标准	CJJ/T 107-2005	√			
[6]1.3.4.8	生活垃圾卫生填埋封场技术规程	CJJ 112-2007	√			
[6]1.3.4.9	生活垃圾卫生填埋场防渗系统工程技术规范	CJJ 113-2007	√			
[6]1.3.4.10	生活垃圾填埋场填埋气体收集处理及利用工程技术规范	CJJ 133-2009	√			

体系编码	标准名称	标准编号	编制出版状况			备注
			现行	在编	待编	
[6]1.3.4.11	生活垃圾卫生填埋气体收集处理及利用工程运行维护技术规程	CJJ 175-2012	√			
[6]1.3.4.12	生活垃圾卫生填埋场岩土工程技术规范	CJJ 176-2012	√			
[6]1.3.4.13	聚乙烯土工膜防渗工程技术规范	SL/T 231-1998	√			
[6]1.3.4.14	垃圾填埋场用高密度聚乙烯土工膜	CJ/T 234-2006	√			
[6]1.3.4.15	垃圾填埋场用线性低密度聚乙烯土工膜	CJ/T 276-2008	√			
[6]1.3.4.16	垃圾填埋场用高密度聚乙烯管材	CJ/T 371-2011	√			
[6]1.3.4.17	垃圾填埋场人工防渗系统渗漏破损探测技术规程			√		行标
[6]1.3.4.18	城市垃圾卫生填埋场工程施工及验收规范				√	地标
[6]1.3.5	**生活垃圾堆肥处理专用标准**					
[6]1.3.5.1	城市生活垃圾好氧静态堆肥处理技术规程	CJJ/T 52-93	√			
[6]1.3.5.2	城市生活垃圾堆肥处理厂运行、维护及其安全技术规程	CJJ/T 86-2000	√			
[6]1.3.5.3	生活垃圾堆肥厂评价标准	CJJ/T 172-2011	√			
[6]1.3.5.4	城市生活垃圾堆肥处理厂技术评价指标	CJ/T 3059-1996	√			
[6]1.3.6	**生活垃圾焚烧处理专用标准**					
[6]1.3.6.1	生活垃圾焚烧污染控制标准	GB 18485-2001	√			
[6]1.3.6.2	生活垃圾焚烧处理工程技术规范	CJJ 90-2009	√			
[6]1.3.6.3	生活垃圾焚烧厂运行维护与安全技术规程	CJJ 128-2009	√			
[6]1.3.6.4	生活垃圾焚烧厂评价标准	CJJ/T 137-2010	√			
[6]1.3.7	**生活垃圾渗滤液处理专用标准**					
[6]1.3.7.1	生活垃圾渗沥液处理技术规范	CJJ 150-2010	√			

体系编码	标准名称	标准编号	现行	在编	待编	备注
			编制出版状况			
[6]1.3.7.2	生活垃圾渗滤液碟管式反渗透处理设备	CJ/T 279-2008	√			
[6]1.3.7.3	生活垃圾填埋场渗滤液处理工程技术规范（试行）	HJ 564-2010	√			
[6]1.3.7.4	生活垃圾渗滤液处理工程项目建设标准				√	地标
[6]1.3.7.5	生活垃圾渗滤液处理工程运行维护技术规程				√	地标
[6]1.3.7.6	生活垃圾渗滤液处理工程施工及验收规范				√	地标
[6]1.3.7.7	生活垃圾渗滤液处理工程评价标准				√	地标
[6]1.3.8	**餐厨垃圾处理专用标准**					
[6]1.3.8.1	餐厨垃圾资源利用技术要求			√		行标
[6]1.3.8.2	餐厨垃圾饲料化或肥料化处理技术规程				√	地标
[6]1.3.8.3	餐厨垃圾处理作业规程				√	地标
[6]1.3.8.4	餐厨垃圾车技术条件				√	地标
[6]1.3.8.5	餐厨垃圾车运行管理规范				√	地标
[6]1.3.9	**建筑垃圾处理专用标准**					
[6]1.3.9.1	建筑垃圾回收利用技术规范				√	地标
[6]1.3.9.2	建筑垃圾收集与运输技术规范				√	地标
[6]1.3.10	**危险废物处理专用标准**					
[6]1.3.10.1	危险废物鉴别标准 腐蚀性鉴别	GB 5085.1-2007	√			
[6]1.3.10.2	危险废物鉴别标准 急性毒性初筛	GB 5085.2-2007	√			
[6]1.3.10.3	危险废物鉴别标准 浸出毒性鉴别	GB 5085.3-2007	√			
[6]1.3.10.4	危险废物鉴别标准 易燃性鉴别	GB 5085.4-2007	√			
[6]1.3.10.5	危险废物鉴别标准 反应性鉴别	GB 5085.5-2007	√			
[6]1.3.10.6	危险废物鉴别标准 毒性物质含量鉴别	GB 5085.6-2007	√			

体系编码	标准名称	标准编号	编制出版状况 现行	在编	待编	备注
[6]1.3.10.7	危险废物鉴别标准 通则	GB 5085.7-2007	√			
[6]1.3.10.8	危险废物焚烧污染控制标准	GB 18484-2001	√			
[6]1.3.10.9	危险废物贮存污染控制标准	GB 18597-2001	√			
[6]1.3.10.10	危险废物填埋污染控制标准	GB 18598-2001	√			
[6]1.3.10.11	危险废物集中焚烧处置工程建设技术规范	HJ/T 176-2005	√			
[6]1.3.10.12	危险废物（含医疗废物）焚烧处置设施二噁英排放检测技术规范	HJ/T 365-2007	√			
[6]1.3.10.13	危险废物（含医疗废物）焚烧处置设施性能测试技术规范	HJ 561-2010	√			
[6]1.3.10.14	危险废物收集、贮存、运输技术规范	HJ 2025-2012	√			
[6]1.3.11	**医疗废物处理专用标准**					
[6]1.3.11.1	医疗废弃物焚烧环境卫生标准	GB/T 18773-2008	√			
[6]1.3.11.2	医疗废物集中焚烧处置工程技术规范	HJ/T 177-2005	√			
[6]1.3.11.3	医疗废物化学消毒集中处理工程技术规范（试行）	HJ/T 228-2005	√			
[6]1.3.11.4	医疗废物微波消毒集中处理工程技术规范（试行）	HJ/T 229-2005	√			
[6]1.3.11.5	医疗废物高温蒸汽集中处理工程技术规范（试行）	HJ/T 276-2006	√			
[6]1.3.11.6	医疗废物专用包装袋、容器和警示标志标准	HJ/T 421-2008	√			
[6]1.3.11.7	医疗废物集中焚烧处置设施运行监督管理技术规范（试行）	HJ 516-2009	√			
[6]1.3.11.8	医疗废物收集、贮存、运输技术规范				√	地标
[6]1.3.12	**污泥处理专用标准**					
[6]1.3.12.1	农用污泥中污染物控制标准	GB 4284-84	√			

体系编码	标准名称	标准编号	编制出版状况			备注
			现行	在编	待编	
[6]1.3.12.2	城镇污水处理厂污泥处置 分类	GB/T 23484-2009	√			
[6]1.3.12.3	城镇污水处理厂污泥处置 园林绿化用泥质	GB/T 23486-2009	√			
[6]1.3.12.4	城镇污水处理厂污泥泥质	GB 24188-2009	√			
[6]1.3.12.5	城镇污水处理厂污泥处置 土地改良用泥质	GB/T 24600-2009	√			
[6]1.3.12.6	城镇污水处理厂污泥处置 单独焚烧用泥质	GB/T 24602-2009	√			
[6]1.3.12.7	水泥窑协同处置污泥工程设计规范	GB 50757-2012	√			
[6]1.3.12.8	城镇污水处理厂污泥处理技术规程	CJJ 131-2009	√			
[6]1.3.12.9	城镇污水处理厂污泥处置 混合填埋泥质	CJ/T 249-2007	√			
[6]1.3.12.10	城镇污水处理厂污泥处置 水泥熟料生产用泥质	CJ/T 314-2009	√			
[6]1.3.12.11	城市污水处理厂污水污泥排放标准	CJ 3025-1993	√			
[6]1.3.12.12	城镇给水处理厂污泥处置技术规程				√	地标
[6]1.3.13	**环境卫生设计专用标准**					
[6]1.3.13.1	纺织工业企业职业安全卫生设计规范	GB 50477-2009	√			
[6]1.3.13.2	电子工业职业安全卫生设计规范	GB 50523-2010	√			
[6]1.3.13.3	机械工业职业安全卫生设计规范	JBJ 18-2000	√			
[6]1.3.13.4	石油化工企业职业安全卫生设计规范	SH 3047-93	√			
[6]1.3.13.5	化工粉体工程设计安全卫生规定	HG 20532-93	√			
[6]1.3.14	**环境卫生设备专用标准**					
[6]1.3.14.1	医疗废物转运车技术要求（试行）	GB 19217-2003	√			
[6]1.3.14.2	医疗废物焚烧炉技术要求	GB 19218-2003	√			
[6]1.3.14.3	扫路车	QC/T 51-2006	√			

体系编码	标准名称	标准编号	编制出版状况			备注
			现行	在编	待编	
[6]1.3.14.4	真空吸污车分类	CJ/T 88－1999	√			
[6]1.3.14.5	真空吸污车技术条件	CJ/T 89－1999	√			
[6]1.3.14.6	真空吸污车性能试验方法	CJ/T 90－1999	√			
[6]1.3.14.7	真空吸污车可靠性试验方法	CJ/T 91－1999	√			
[6]1.3.14.8	压缩式垃圾车	CJ/T 127－2000	√			
[6]1.3.14.9	垃圾生化处理机	CJ/T 227－2006	√			
[6]1.3.14.10	工程洒水车	JTT 288－1995	√			
[6]1.3.14.11	垃圾填埋场压实机技术要求	CJ/T 301－2008	√			
[6]1.3.14.12	扫路车技术条件	QC/T 29111－1993	√			
[6]1.3.14.13	垃圾车技术条件	QC/T 29112－1993	√			
[6]1.3.14.14	洒水车技术条件	QC/T 29114－1993	√			
[6]1.3.14.15	垃圾容器 五吨车用集装箱	CJ/T 5025－1997	√			
[6]1.3.15	**其他环境卫生专用标准**					
[6]1.3.15.1	城镇垃圾农用控制标准	GB 8172－87	√			
[6]1.3.15.2	旅店业卫生标准	GB 9663－96	√			
[6]1.3.15.3	文化娱乐场所卫生标准	GB 9664－96	√			
[6]1.3.15.4	公共浴室卫生标准	GB 9665－96	√			
[6]1.3.15.5	理发店、美容店卫生标准	GB 9666－96	√			
[6]1.3.15.6	游泳场所卫生标准	GB 9667－96	√			
[6]1.3.15.7	体育馆卫生标准	GB 9668－96	√			
[6]1.3.15.8	图书馆、博物馆、美术馆、展览馆卫生标准	GB 9669－96	√			
[6]1.3.15.9	商场（店）、书店卫生标准	GB 9670－96	√			
[6]1.3.15.10	医院候诊室卫生标准	GB 9671－96	√			
[6]1.3.15.11	公共交通等候室卫生标准	GB 9672－96	√			

体系编码	标准名称	标准编号	编制出版状况			备注
			现行	在编	待编	
[6]1.3.15.12	公共交通工具卫生标准	GB 9673-96	√			
[6]1.3.15.13	城市公共厕所卫生标准	GB/T 17217-98	√			
[6]1.3.15.14	公共场所卫生监测技术规范	GB/T 17220-98	√			
[6]1.3.15.15	免水冲卫生厕所	GB/T 18092-2008	√			
[6]1.3.15.16	公共场所卫生标准检验方法	GB/T 18204.1-30.2000	√			
[6]1.3.15.17	机动车辆清洗站工程技术规范	CJJ 71-2000	√			
[6]1.3.15.18	地下水环境监测技术规范	HJ/T 164-2004	√			
[6]1.3.15.19	建筑机械与设备噪声测量方法	JG/T 5079.2-1996	√			
[6]1.3.16	**结构工程专用标准**					
[6]1.3.16.1	复合地基技术规范	GB/T 50783-2012	√			
[6]1.3.16.2	膨胀土地区建筑技术规范	GB 50112-2013	√			
[6]1.3.16.3	湿陷性黄土地区建筑规范	GB 50025-2004	√			
[6]1.3.16.4	建筑边坡工程技术规范	GB 50330-2002	√			
[6]1.3.16.5	锚杆喷射混凝土支护技术规范	GB 50086-2001	√			
[6]1.3.16.6	复合土钉墙基坑支护技术规范	GB 50739-2011	√			
[6]1.3.16.7	混凝土结构耐久性设计规范	GB/T 50476-2008	√			
[6]1.3.16.8	给水排水工程构筑物结构设计规范	GB 50069-2002	√			修订
[6]1.3.16.9	高耸结构设计规范	GB 50135-2006	√			
[6]1.3.16.10	给水排水工程管道结构设计规范	GB 50332-2002	√			修订
[6]1.3.16.11	烟囱设计规范	GB 50051-2013	√			
[6]1.3.16.12	室外给水排水和燃气热力工程抗震设计规范	GB 50032-2003	√			修订
[6]1.3.16.13	给水排水构筑物工程施工及验收规范	GB 50141-2008	√			
[6]1.3.16.14	烟囱工程施工及验收规范	GB 50078-2008	√			
[6]1.3.16.15	市政工程勘察规范	CJJ 56-2012	√			

体系编码	标准名称	标准编号	编制出版状况			备注
			现行	在编	待编	
[6]1.3.16.16	建筑桩基技术规范	JGJ 94-2008	√			
[6]1.3.16.17	大直径扩底灌注桩技术规程	JGJ/T 225-2010	√			
[6]1.3.16.18	建筑地基处理技术规范	JGJ 79-2012	√			
[6]1.3.16.19	冻土地区建筑地基基础设计规范	JGJ 118-2011	√			
[6]1.3.16.20	建筑基坑支护技术规程	JGJ 120-2012	√			
[6]1.3.16.21	钢筋混凝土薄壳结构设计规程	JGJ 22-2012	√			
[6]1.3.16.22	水工建筑物抗震设计规范	DL 5073-2000	√			
[6]1.3.16.23	四川省建筑地基基础检测技术规程	DBJ51/ T014-2013	√			
[6]1.3.16.24	岩溶地区建筑地基基础技术规范			√		国标
[6]1.3.16.25	垃圾坝工程技术规范				√	地标
[6]1.3.17	**电气工程专用标准**					
[6]1.3.17.1	工业与民用电力装置的过电压保护设计规范	GBJ 64-1983	√			
[6]1.3.17.2	建筑设计防火规范	GB 50016-2006	√			
[6]1.3.17.3	建筑照明设计标准	GB 50034-2004	√			
[6]1.3.17.4	供配电系统设计规范	GB 50052-2009	√			
[6]1.3.17.5	10kV 及以下变电所设计规范	GB 50053-2013	√			
[6]1.3.17.6	低压配电设计规范	GB 50054-2011	√			
[6]1.3.17.7	通用用电设备配电设计规范	GB 50055-2011	√			
[6]1.3.17.8	电热设备电力装置设计规范	GB 50056-93	√			
[6]1.3.17.9	建筑物防雷设计规范	GB 50057-2010	√			
[6]1.3.17.10	爆炸和火灾危险环境电力装置设计规范	GB 50058-2014	√			
[6]1.3.17.11	35～110 kV 变电所设计规范	GB 50059-2011	√			
[6]1.3.17.12	3～110 kV 高压配电装置设计规范	GB 50060-2008	√			
[6]1.3.17.13	66 kV 及以下架空电力线路设计规范	GB 50061-2010	√			

体系编码	标准名称	标准编号	编制出版状况			备注
			现行	在编	待编	
[6]1.3.17.14	电力装置的继电保护和自动装置设计规范	GB 50062-2008	√			
[6]1.3.17.15	电力装置的电气测量仪表装置设计规范	GB 50063-2008	√			
[6]1.3.17.16	交流电气装置的接地设计规范	GB/T 50065-2011	√			
[6]1.3.17.17	火灾自动报警系统设计规范	GB 50116-2013	√			
[6]1.3.17.18	电气装置安装工程高压电气施工及验收规范	GB 50147-2010	√			
[6]1.3.17.19	电气装置安装工程电力变压器、油浸电抗器、互感器施工及验收规范	GB 50148-2010	√			
[6]1.3.17.20	电气装置安装工程母线装置施工及验收规范	GB 50149-2010	√			
[6]1.3.17.21	电气装置安装工程电气设备交接试验标准	GB 50150-2006	√			
[6]1.3.17.22	火灾自动报警系统施工及验收规范	GB 50166-2007	√			
[6]1.3.17.23	电气装置安装工程电缆线路施工及验收规范	GB 50168-2006	√			
[6]1.3.17.24	电气装置安装工程接地装置施工及验收规范	GB 50169-2006	√			
[6]1.3.17.25	电气装置安装工程旋转电机施工及验收规范	GB 50170-2006	√			
[6]1.3.17.26	电气装置安装工程盘、柜及二次回路结线施工及验收规范	GB 50171-2012	√			
[6]1.3.17.27	电气装置安装工程蓄电池施工及验收规范	GB 50172-2012	√			
[6]1.3.17.28	电气装置安装工程35 kV及以下架空电力线路施工及验收规范	GB 50173-92	√			
[6]1.3.17.29	电力工程电缆设计规范	GB 50217-2007	√			
[6]1.3.17.30	并联电容器装置设计规范	GB 50227-2008	√			
[6]1.3.17.31	电气装置安装工程低压电器施工及验收规范	GB 50254-96	√			

体系编码	标准名称	标准编号	编制出版状况			备注
			现行	在编	待编	
[6]1.3.17.32	电气装置安装工程电力变流设备施工及验收规范	GB 50255-2014	√			
[6]1.3.17.33	电气装置安装工程起重机电气装置施工及验收规范	GB 50256-96	√			
[6]1.3.17.34	电气装置安装工程爆炸和火灾危险环境电气装置施工及验收规范	GB 50257-96	√			
[6]1.3.17.35	电力设施抗震设计规范	GB 50260-2013	√			
[6]1.3.17.36	工业企业电气设备抗震设计规范	GB 50556-2010	√			
[6]1.3.17.37	1 kV 及以下配线工程施工与验收规范	GB 50575-2010	√			
[6]1.3.17.38	建筑物防雷工程施工与质量验收规范	GB 50601-2010	√			
[6]1.3.17.39	建筑电气照明装置施工与验收规范	GB 50617-2010	√			
[6]1.3.17.40	埋地钢质管道交流干扰防护技术标准	GB/T 50698-2011	√			
[6]1.3.17.41	电力系统安全自动装置设计规范	GB/T 50703-2011	√			
[6]1.3.17.42	特殊环境条件高原用低压电器技术要求	GB/T 206645-2006	√			
[6]1.3.17.43	民用建筑电气设计规范	JGJ 16-2008	√			
[6]1.3.17.44	施工现场临时用电安全技术规范	JGJ 46-2005	√			
[6]1.3.17.45	矿物绝缘电缆敷设技术规程	JGJ 232-2011	√			
[6]1.3.17.46	住宅建筑电气设计规范	JGJ 242-2011	√			
[6]1.3.17.47	电气火灾监控系统设计施工及验收规范	DB51/ 1418-2012	√			
[6]1.3.18	**自控工程专用标准**					
[6]1.3.18.1	自动化仪表工程施工及质量验收规范	GB 50093-2013	√			
[6]1.3.18.2	工业电视系统工程设计规范	GB 50115-2009	√			
[6]1.3.18.3	电子信息系统机房设计规范	GB 50174-2008	√			
[6]1.3.18.4	民用闭路监视电视系统工程技术规范	GB 50198-2011	√			
[6]1.3.18.5	有线电视系统工程技术规范	GB50200-94（2007 年版）	√			

体系编码	标准名称	标准编号	编制出版状况			备注
			现行	在编	待编	
[6]1.3.18.6	综合布线系统工程设计规范	GB 50311-2007	√			
[6]1.3.18.7	综合布线系统工程验收规范	GB 50312-2007	√			
[6]1.3.18.8	消防通信指挥系统设计规范	GB 50313-2013	√			
[6]1.3.18.9	建筑物电子信息系统防雷技术规范	GB 50343-2012	√			
[6]1.3.18.10	入侵报警系统工程设计规范	GB 50394-2007	√			
[6]1.3.18.11	视频安防监控系统工程设计规范	GB 50395-2007	√			
[6]1.3.18.12	出入口控制系统工程设计规范	GB 50396-2007	√			
[6]1.3.18.13	消防通信指挥系统施工及验收规范	GB 50401-2007	√			
[6]1.3.18.14	城市消防远程监控系统技术规范	GB 50440-2007	√			
[6]1.3.18.15	电子信息系统机房施工及验收规范	GB 50462-2008	√			
[6]1.3.18.16	视频显示系统工程技术规范	GB 50464-2008	√			
[6]1.3.18.17	公共广播系统工程技术规范	GB 50526-2010	√			
[6]1.3.18.18	用户电话交换系统工程设计规范	GB/T 50622-2010	√			
[6]1.3.18.19	用户电话交换系统工程验收规范	GB/T 50623-2010	√			
[6]1.3.18.20	城镇燃气报警控制系统技术规程	CJJ/T 146-2011	√			

2.4　标准体系项目说明

[6]1.1　基础标准

[6]1.1.1　术语标准

[6]1.1.1.1　《市容环境卫生术语标准》（CJJ/T 65-2004）

本标准规定了市容环境卫生的基本术语，包括废弃物、废弃物处理、收集运输、设施、预处理和处理机械、处理技术、管理等。

[6]1.1.1.2 《园林基本术语标准》（CJJ/T 91-2002）

本标准适用于园林行业的规划、设计、施工、管理、科研、教学及其他相关领域。采用园林基本术语及其定义，除应符合本标准的规定外，尚应符合国家有关强制性标准的规定。

[6]1.1.1.3 《生活垃圾渗沥水 术语》（CJ/T 3018.1-15-1993）

本标准规定了生活垃圾渗沥水理化分析和细菌学检验方法中所用的专用术语。

[6]1.1.2 标志标准

[6]1.1.2.1 《城市生活垃圾分类标志》（GB/T 19095-2008）

本标准规定了生活垃圾分类标志，适用于生活垃圾分类工作，也适用于易于分类回收的有关商品的环保包装。

[6]1.1.2.2 《环境卫生设施与设备图形符号 设施标志》（CJ/T 13-1999）

本标准规定了环境卫生设施的图形标准，适用于环境卫生部门或其他部门，是识别或指示环境卫生设施的标志。

[6]1.1.2.3 《风景园林标志标准》（CJJ/T 171-2012）

本标准规定了风景园林标志、风景园林专业标志、风景园林服务标志、风景园林安全标志等专用标志标准。

[6]1.1.3 图形标准

[6]1.1.3.1 《环境保护图形标志-固体废物贮存（处置）场》（GB1556.2-1995）

本标准规定了一般固体废物和危险废物贮存、处置场环境保护图形标志及其功能，适用于环境保护行政主管部门对固体废物的监督管理。

[6]1.1.3.2 《环境卫生设施与设备图形符号 设施图例》（CJ/T 14-1999）

本标准规定了环境卫生设施平面分布图用图形符号，适用于环境卫生设施分布图、规划图，也可用于系统图等。

[6]1.1.3.3 《环境卫生设施与设备图形符号 机械与设备》（CJ/T 15-1999）

本标准规定了环境卫生机械与设备中常用的图形符号，适用于环境卫生工程的简图、原理图、系统图、工艺流程图等。

[6]1.1.3.4 《风景园林制图标准》（CJJ 67-95）

本标准适用于绘制风景名胜区、城市绿地系统的规划图及园林绿地规划和设计图。

[6]1.1.3.5 《环境卫生图形符号标准》（CJJ/T 125-2008）

本标准规定了一般固体废物和危险废物贮存、处置场环境保护图形标志及其功能，适用于环境保护行政主管部门对固体废物的监督管理。

[6]1.2 通用标准

[6]1.2.1 市容景观通用标准

[6]1.2.1.1 《城市绿地设计规范》（GB 50420-2007）

本规范适用于城市绿地设计，包括公园绿地、生产绿地、防护绿地、附属绿地、其他绿地五大类。本规范对绿地设计中的竖向设计，种植设计，道路、桥梁，园林建筑、园林小品，给水、排水及电气等方面提出了规定和要求。

[6]1.2.1.2 《城市容貌标准》（GB 50449-2008）

本标准适用于城市容貌的建设与管理。城市中的建（构）筑物、道路、园林绿化、公共设施、广告标志、照明、公共场所、城市水域、居住区等的容貌，均适用本标准。

[6]1.2.1.3 《城市园林绿化评价标准》（GB/T 50563-2010）

本规范以设市城市的园林绿化综合水平、各类绿地建设管理水平、与城市园林绿化相关的生态环境水平和市政设施建设水平为评价对象，适用于城市园林绿化综合评价、各类绿地建设管理评价、与城市园林绿化相关的生态环境和市政设施建设评价。

[6]1.2.1.4 《园林绿化工程工程量计算规范》（GB 50858-2013）

本规范统一了园林绿化工程工程量清单的编制、项目设置和计量，适用于园林绿化工程施工发承包计价活动中的工程量清单编制和工程量计算。

[6]1.2.1.5 《城市道路照明设计标准》（CJJ 45-2006）

本标准的主要技术内容包括照明标准、光源、灯具及其附属装置选择、照明方式和设计要求、照明供电和控制、节能标准和措施。本标准适用于新建、扩建和改建的城市道路及与道路相连的特殊场所照明设计，不适用于隧道照明设计。

[6]1.2.1.6 《公园设计规范》（CJJ 48-92）

本规范适用于全国新建、扩建、改建和修复的各类公园设计，对公园设计中的总体设计、地形设计、园路及铺装场地设计、种植设计、建筑物及其他设施设计等提出了要求与规定。

[6]1.2.1.7 《城市户外广告设施技术规范》（CJJ 149-2010）

本规范适用于城市户外广告设施、城市之间交通干道周边的户外广告设施的设置，主要内容是规定城市户外广告的设置要求、照明、材料选用、设计、施工及验收、维护和检测。

[6]1.2.1.8 《城市道路绿化规划与设计规范》（CJJ 75-97）

本规范对道路绿化规划，道路绿带设计，交通岛、广场和停车场绿地设计，道路绿化与有关设施提供了设计标准。本规范适用于城市的主干路、次干路、支路、广场和社会停车场的绿地规划设计。

[6]1.2.1.9 《城市绿化工程施工及验收规范》（CJJ/T 82-99）

本规范适用于公共绿地、居住区绿地、单位附属绿地、生产绿地、防护绿地、城市风景林地、城市道路绿化等绿化工程及其附属设施的施工及验收。规范对施工前准备、种植材料和播种材料、种植前土壤处理、种植穴和槽的挖掘、苗木运输和假植、苗木种植前的修剪、树木种植、大树移植、草坪和花卉种植、屋顶绿化、绿化工程的附属设施、工程验收等方面作出了具体的要求与规定。

[6]1.2.1.10 《城市绿地分类标准》（CJJ/T 85-2002）

为统一全国城市绿地（以下简称为"绿地"）分类，科学地编制、审批、实施城市绿地系统（以下简称为"绿地系统"）规划，规范绿地的保护、建设和管理，改善城市生态环境，促进城市的可持续发展，制定本标准。

[6]1.2.1.11 《城市道路照明工程施工及验收规程》（CJJ 89-2012）

为适应城市道路照明工程建设的发展，保证城市道路照明工程的施工质量，促进技术进步，确保照明设施安全、经济地运行，制定本规程。本规程适用于电压为 10kV 及以下城市道路照明工程的施工及验收。工程施工时应按批准的设计图纸进行施工。

[6]1.2.1.12 《城市夜景照明设计规范》（JGJ/T 163-2008）

本标准主要技术内容包括照明评价指标、照明设计、照明节能、光污染的限制、照明供配电与安全等。本标准适用于城市照明设计、施工、管理人员。

[6]1.2.1.13 《镇（乡）村绿地分类标准》（CJJ/T 168-2011）

本标准规定了镇（乡）绿地分类、村庄绿地分类、镇（乡）村规划区绿地计算原则与方法。

[6]1.2.1.14 《城市绿线划定技术规范》

在编工程建设国家标准。本标准适用于城市各类绿地范围的控制线划定。

[6]1.2.1.15 《城市景观灯光设施规划规范》

待编四川省工程建设地方标准。由于城市的高速建设，越来越多的城市建设开始使用景观灯光，但城市缺乏对景观灯光的宏观规划。我省目前缺少从城市景观灯光总布局及城市景观区域角度对灯光设施的规划和规范。建议编制该规范，用以对城市景观灯光总布局及对城市景观区域，如景观点广场、步行街、商业街、绿地和景观路段、景观水域、建筑楼群等进行定范围、定功能、定位、定景观灯光内容的技术规定和要求。

[6]1.2.1.16 《城市景观灯光集控工程技术规范》

待编四川省工程建设地方标准。由于我省目前缺少对城市区域景观灯光控制系统工程的规定和要求，因此建议编制该规范，用以规定相关选址、景观灯光系统工程的设计、安装调试、验收等内容。

[6]1.2.1.17 《城市道路保洁技术规程》

待编四川省工程建设地方标准。我省目前无统一的适用于城市各类道路、与道路有关的设备的保洁技术规程，因此建议编制，用以规定保洁道路范围及等级、道路清扫保洁和道路两侧环卫设施保洁及设备、作业质量、安全的要求。

[6]1.2.2 环境保护通用标准

[6]1.2.2.1 《工业企业设计卫生标准》（GBZ 1-2010）

本标准适用于工业企业新建、改建、扩建和技术改造、技术引进项目的卫生设计及职业病危害评价，主要内容是规定了工业企业选址与总体布局、工作场所、辅助用室以及应急救援的基本卫生学要求。

[6]1.2.2.2 《环境空气质量标准》（GB 3095-2012）

本标准规定了环境空气功能区分类、标准分级、污染物项目、平均时间及浓度限值、监测方法、数据统计的有效性规定及实施与监督等内容，适用于环境空气质量评价与管理。

[6]1.2.2.3 《声环境质量标准》（GB 3096-2008）

本标准规定了五类环境功能区的环境噪声限值及测量方法，适用于声环境质量评价与管理，机场周围区域受飞机通过（起飞、降落、低空飞越）噪声的影响，不适用于本标准。

[6]1.2.2.4 《地表水环境质量标准》（GB 3838-2002）

本标准按照地表水环境功能分类和保护目标，规定了水环境质量应控制的项目及限值，以及水质评价、水质项目的分析方法和标准的实施与监督。本标准适用于中华人民共和国领域内江河、湖泊、运河、渠道、水库等具有使用功能的地表水水域。具有特定功能的水域，执行相应的专业用水水质标准。

[6]1.2.2.5 《污水综合排放标准》（GB 8978-1996）

本标准按照污水排放去向，分年限规定了 69 种水污染物最高允许排放浓度及部分行业最高允许排水量。本标准适用于现有单位水污染物的排放管理，以及建设项目的环境影响评价、建设项目环境保护设施设计、竣工验收及其投产后的排放管理。

[6]1.2.2.6 《机场周围飞机噪声环境标准》（GB 9660-88）

本标准规定了机场周围飞机噪声的环境标准，适用于机场周围受飞机通过所产生噪声影响的区域。

[6]1.2.2.7 《城市区域环境振动标准》（GB 10070-88）

本标准为贯彻《中华人民共和国环境保护法》，控制城市环境振动污染而制定，规定了城市区域环境振动的标准值及适用地带范围和监测方法。本标准适用于城市区域环境。

[6]1.2.2.8 《城市区域环境振动测量方法》（GB 10071-88）

本标准规定了城市区域环境振动的测量方法，适用于城市区域环境振动的测量。

[6]1.2.2.9 《作业场所局部振动卫生标准》（GB 10434-89）

本标准规定了生产中使用手持振动工具或手接触受振工件的标准限值及测试方法，适用于生产中使用手持振动工具或手接触受振工件的所有作业。

[6]1.2.2.10 《核辐射环境质量评价一般规定》（GB 11215-1989）

本标准规定了核辐射环境质量评价的一般原则和应遵循的技术规定，目的是提高核辐射环境质量评价工作的科学性，改善环境质量，保证公众的辐射安全。本标准适用于应进行核辐射环境质量评价的企、事业单位，这类单位包括：核燃料循环系统的各个单位；陆上固定式核动力厂和核热电厂；拥有生产或操作量相应于甲、乙级实验室（或操作场所）并向环境排放放射性物质的研究、应用单位。

[6]1.2.2.11 《工业企业厂界环境噪声排放标准》（GB 12348-2008）

本标准规定了工业企业和固定设备厂界环境噪声排放限值及其测量方法。

本标准适用于工业企业噪声排放的管理、评价及控制。机关、事业单位、团体等对外环境排放噪声的单位也按本标准执行。

[6]1.2.2.12 《建筑施工场界环境噪声排放标准》（GB 12523-2011）

本标准规定了建筑施工场界环境噪声排放限值及测量方法，适用于周围有噪声敏感建筑物的建筑施工噪声排放的管理、评价及控制。市政、通信、交通、水利等其他类型的施工噪声排放可参照本标准执行。本标准不适用于抢修、抢险施工过程中产生噪声的排放监管。

[6]1.2.2.13 《城市区域环境噪声测量方法》（GB/T 14326-93）

本标准为执行 GB 3096《声环境质量标准》而制定，规定了城市区域环境噪声的测量方法。

[6]1.2.2.14 《恶臭污染物排放标准》（GB 14554-93）

本标准分年限规定了八种恶臭污染物的一次最大排放限值、复合恶臭物质的臭气浓度限值及无组织排放源的厂界浓度限值。本标准适用于全国所有向大气排放恶臭气体单位及垃圾堆放场的排放管理以及建设项目的环境影响评价、设计、竣工验收及其建成后的排放管理。

[6]1.2.2.15 《地下水质量标准》（GB/T 14848-93）

本标准规定了地下水的质量分类，地下水质量监测、评价方法和地下水质量保护，适用于一般地下水，不适用于地下热水、矿水、盐卤水。

[6]1.2.2.16 《城市区域环境噪声适用区划分技术规范》（GB/T 15190-94）

本规范规定了城市五类环境噪声标准适用区域划分的原则和方法，适用于城市规划区。

[6]1.2.2.17 《土壤环境质量标准》（GB 15618-1995）

本标准按土壤应用功能、保护目标和土壤主要性质，规定了土壤中污染物的最高允许浓度指标值及相应的监测方法，适用于农田、蔬菜地、茶园、果园、牧场、林地、自然保护区等地的土壤。

[6]1.2.2.18 《大气污染物综合排放标准》（GB 16297-1996）

本标准规定了 33 种大气污染物的排放限值，同时规定了标准执行中的各种要求，适用于现有污染源大气污染物排放管理，以及建设项目的环境影响评价、设计、环境保护设施竣工验收及其投产后的大气污染物排放管理。

[6]1.2.2.19 《医疗机构水污染物排放标准》（GB 18466-2005）

本标准规定了医疗机构污水、污水处理站产生的废气、污泥的污染物控制项目及其排放和控制限值、处理工艺和消毒要求、取样与监测和标准的实施与监督。本标准适用于医疗机构污水、污水处理站产生污泥及废气排放的控制，医疗机构建设项目的环境影响评价、环境保护设施设计、竣工验收及验收后的排放管理。当医疗机构的办公区、非医疗生活区等污水与病区污水合流收集时，其综合污水排放均执行本标准。建有分流污水收集系统的医疗机构，其非病区生活区污水排放执行 GB 8978 的相关规定。

[6]1.2.2.20 《一般工业固体废物贮存、处置场污染控制标准》（GB 18599-2001）

本标准规定了一般工业固体废物贮存、处置场的选址、设计、运行管理、关闭与封场以及污染控制与监测等要求。本标准适用于新建、扩建、改建及已经建成投产的一般工业固体废物贮存、处置场的建设、运行和监督管理；不适用于危险废物和生活垃圾填埋场。

[6]1.2.2.21 《电离射线防护与辐射源安全基本标准》（GB 18871-2002）

本标准规定了对电离辐射防护和辐射源安全（以下简称"防护与安全"）的基本要求，适用于实践和干预中人员所受电离辐射照射的防护和实践中源的安全，不适用于非电离辐射（如微波、紫外线、可见光及红外辐射等）对人员可能造成的危害的防护。

[6]1.2.2.22 《室内空气质量标准》（GB/T 18883-2002）

本标准规定了室内空气质量参数及检验方法，适用于住宅和办公建筑，其他室内环境可参照本标准执行。

[6]1.2.2.23 《社会生活环境噪声排放标准》（GB 22337-2008）

本标准规定了营业性文化娱乐场所和商业经营活动中可能产生环境噪声污染的设备、

设施边界噪声排放限值和测量方法。本标准适用于对营业性文化娱乐场所、商业经营活动中使用的向环境排放噪声的设备、设施的管理、评价与控制。

[6]1.2.2.24 《民用建筑工程室内环境污染控制规范》（GB 50325-2010）

本规范适用于新建、扩建和改建的民用建筑工程室内环境污染控制，不适用于工业生产建筑工程、仓储性建筑工程、构筑物和有特殊净化卫生要求的室内环境污染控制，也不适用于民用建筑工程交付使用后，非建筑装修产生的室内环境污染控制。

[6]1.2.2.25 《污水排入城市下水道水质标准》（CJ 343-2010）

本标准规定了排入城镇下水道污水的水质要求、取样与监测，适用于向城镇下水道排放污水的排水户的排水水质。

[6]1.2.2.26 《再生水回用于景观水体的水质标准》（CJ/T 95-2000）

本标准适用于进入或直接作为景观水体的二级或二级以上城市污水处理厂排放的水。

[6]1.2.2.27 《汽车危险货物运输规则》（JT 3130-1988）

本标准规定了汽车危险货物运输的技术管理规章、制度、要求与方法，除军运或国际联运另有规定外，均按本标准执行。凡具有爆炸、易燃、毒害、腐蚀、放射性等性质，在运输、装卸和储存保管过程中，容易造成人身伤亡和财产损毁而需要特别防护的货物，均属危险货物。

[6]1.2.2.28 《四川省大气污染物排放标准》（DB51/ 183-93）

本标准规定了大气污染物排放限值及要求，适用于四川省行政辖区内排放大气污染物的一切单位。

[6]1.2.2.29 《四川省水污染物排放标准》（DB51/ 190-93）

本标准规定了水污染物排放限值及要求，适用于四川省行政区域内排放水污染物的一切单位。

[6]1.2.3 生活垃圾处理通用标准

[6]1.2.3.1 《城市生活垃圾分类及其评价标准》（CJJ/T 102-2004）

本标准适用于城市生活垃圾的分类、投放、收运和分类评价，是为了进一步促进城市生活垃圾的分类收集和资源化利用，使城市生活垃圾分类规范、收集有序、有利处理。

[6]1.2.3.2 《城市生活垃圾产量计算及预测方法》（CJ/T 106-1999）

本标准规定了城市生活垃圾产量的计算和预测方法，适用于不同规模城镇、居民集中居住地区的生活垃圾的计算及预测。

[6]1.2.3.3 《生活垃圾收集站技术规程》（CJJ 179-2012）

本规程适用于新建、扩建和改建收集站（点）的规划、设计、建设、验收、运行及维护。

[6]1.2.3.4 《塑料垃圾桶通用技术条件》（CJ/T 280-2008）

本标准规定了塑料垃圾桶的分类、技术要求、试验方法、检验规则及标志、包装、运输，适用于容积为 120L 和 240L 的两轮移动式塑料垃圾桶。

[6]1.2.3.5 《生活垃圾采样和分析方法》（CJ/T 313-2009）

本标准规定了生活垃圾样品的采集、制备和测定，适用于生活垃圾调查和测定。

[6]1.2.3.6 《生活垃圾产生源分类及其排放》（CJ/T 368-2011）

本标准适用于生活垃圾产生源分类及其排放的管理，主要内容是规定了生活垃圾产生源的术语和定义、产生源的分类、编码和代码结构、垃圾排放等。

[6]1.2.3.7 《生活垃圾收集技术规范》

待编四川省工程建设地方标准。由于我省目前无现行规范约束生活垃圾收集过程中应遵守的技术要求，因此可编制该规范指导生活垃圾收集过程。

[6]1.2.3.8 《城市生活垃圾成分调查统计方法技术规程》

待编四川省工程建设地方标准。鉴于我国城市生活垃圾处理方式呈现多元化发展，垃圾成分对垃圾处理工艺的选择极为重要，因此，有必要制定本规程，以规范城市生活垃圾成分调查统计方法。

[6]1.2.4 其他固废处理通用标准

[6]1.2.4.1 《粪便处理厂运行维护及安全技术规范》（CJJ 30-2009）

为保证粪便处理厂安全、正常运行，使粪便处理厂的运行管理、维护保养及其安全防护能根据规定的要求进行，达到防止污染、保护环境、卫生防疫的目的，制定本规范。本规范适用于城镇新建、扩建或改建的粪便处理厂的运行、维护及其安全管理。

[6]1.2.4.2 《城市粪便处理厂运行、维护及其安全技术规程》（CJJ/T 30-99）

本规程适用于城市粪便处理厂，主要对粪便处理厂的一般操作、维护保养及其安全防护提出要求。

[6]1.2.4.3 《粪便处理厂设计规范》（CJJ 64-2009）

本规范适用于城市新建、扩建和改建的粪便净化处理厂（场）、粪便无害化卫生处理厂（场）的设计。

[6]1.2.4.4 《建筑垃圾处理技术规范》（CJJ 134-2009）

本规范适用于建筑垃圾的收集、运输、转运、利用、回填、填埋的规划、设计、管理。规定了建筑垃圾处理的基本技术要求。

[6]1.2.4.5 《餐厨垃圾处理技术规范》（CJJ 184-2012）

本规范适用于新建、改建、扩建的餐厨垃圾处理项目的设计、施工、验收和运行管理。

[6]1.2.5 环境卫生设计通用标准

[6]1.2.5.1 《厂矿道路设计规范》（GB J22-87）

本规范规定了厂外道路、厂内道路和露天矿山道路的设计原则和主要技术参数，适用于新建、改建的厂矿道路设计，不适用于林区道路设计。

[6]1.2.5.2 《输气管道工程设计规范》（GB 50251-2003）

为在输气管道工程设计中贯彻国家的有关法规和方针政策，统一技术要求，做到技术先进、经济合理、安全适用、确保质量，制定本规范。本规范适用于陆上输气管道工程设计。

[6]1.2.5.3 《城市公共厕所设计标准》（CJJ 14-2005）

为使城市公共厕所的设计、建设和管理符合城市发展要求，满足城市居民和流动人口需要，制定本标准。本标准适用于城市各种不同类型公共厕所的设计。

[6]1.2.5.4 《聚乙烯燃气管道工程技术规程》（CJJ 63-008）

为使埋地输送城镇燃气用聚乙烯管道和钢骨架聚乙烯复合管道工程的设计、施工和验收符合经济合理、安全施工的要求，确保工程质量和安全供气，制定本规程。本规程适用于工作温度在 $-20\sim40℃$、公称直径不大于 630 mm、最大允许工作压力不大于 0.7 MPa 的埋地输送城镇燃气用聚乙烯管道和钢骨架聚乙烯复合管道工程的设计、施工及验收。

[6]1.2.5.5 《燃气用聚乙烯管道焊接技术规则》（TSG D 2002-2006）

为了规范燃气和其他流体输送用聚乙烯管道（以下简称管道）的焊接技术工作，保证其焊接质量，根据《特种设备安全监察条例》《压力管道安全管理与监察规定》的规定，制定本规则。本规则适用于聚乙烯管道元件制造和管道安装过程中的焊接工作，其他管道焊接工作可以参照本规则执行。

[6]1.2.6 环境卫生设备通用标准

[6]1.2.6.1 《城市环境卫生专用设备 清扫、收集、运输》（CJ/T 16-1999）

本标准规定了清扫、收集、运输设备的术语、通用技术要求和主要技术参数，适用于清扫、收集、运输设备的设计、制造、使用和管理等部门。

[6]1.2.6.2 《城市环境卫生专用设备 垃圾转运》（CJ/T 17-1999）

本标准规定了垃圾转运站主要设备的术语和主要技术要求，适用于垃圾转运站设备的设计、制造、使用和管理等部门。

[6]1.2.6.3 《城市环境卫生专用设备 垃圾卫生填埋》（CJ/T 18-1999）

本标准规定了垃圾卫生填埋专用设备术语、通用技术要求和主要技术参数，适用于垃圾卫生填埋专用设备的设计、制造、使用和管理等部门。

[6]1.2.6.4 《城市环境卫生专用设备 垃圾堆肥》（CJ/T 19-1999）

本标准规定了垃圾堆肥专用设备术语、通用技术要求和主要技术参数，适用于垃圾堆肥专用设备的设计、制造、使用和管理等部门。

[6]1.2.6.5 《城市环境卫生专用设备 垃圾焚烧、气化、热解》（CJ/T 20-1999）

本标准规定了城市生活垃圾焚烧厂、气化厂、热解厂专用设备术语及通用技术要求，适用于城市生活垃圾焚烧厂、气化厂、热解厂专用设备的设计、制造、使用和管理等部门。

[6]1.2.6.6 《城市环境卫生专用设备 粪便处理》（CJ/T 21-1999）

本标准规定了粪便处理设备的种类、术语和主要技术要求，适用于粪便处理设备的设计、制造、使用和管理部门。

[6]1.2.7 其他环境卫生通用标准

[6]1.2.7.1 《城市环境卫生设施规划规范》（GB 50337-2003）

本规范适用于城市总体规划、分区规划、详细规划及城市环境卫生设施专业（专项）规划。市（区、县）域城镇体系规划及乡村、独立工矿区、风景名胜区及经济技术开发区的相应规划可参照本规范执行。

[6]1.2.7.2 《城市公共厕所设计标准》（CJJ 14-2005）

为使城市公共厕所的设计、建设和管理符合城市发展要求，满足城市居民和流动人口需要，制定本标准。本标准适用于城市各种不同类型公共厕所的设计。

[6]1.2.7.3 《环境卫生设施设置标准》（CJJ 27-2012）

本标准适用于我国的所有设市城市，建制镇和非建制镇可参照执行，主要内容是对城市环境卫生公共设施、环境卫生工程设施、基层环境卫生机构及工作场所、涉外环境卫生设施、环境卫生专用车辆通道等作出规定。

[6]1.2.8 结构工程通用标准

[6]1.2.8.1 《砌体结构设计规范》（GB 50003-2011）

本规范适用于建筑工程中的砖砌体、砌块砌体及石砌体的砌体结构设计。本标准规定了砌体结构和配筋砌体结构相应的材料设计指标，基本设计原则，各类结构的静力和结构构件的抗震设计方法及构造要求。

[6]1.2.8.2 《木结构设计规范》（GB 50005-2003）

本规范适用于建筑工程中承重木结构的设计。本标准规定了各种木结构（包括木网架结构）的材料设计指标，基本设计原则，各类结构构件的静力、疲劳和抗震设计方法及构造要求。

[6]1.2.8.3 《建筑地基基础设计规范》（GB 50007-2011）

本规范适用于工业与民用建筑（包括构筑物）的地基基础设计，主要内容为建筑地基基础的设计原则、地基承载力的确定方法及容许承载力、地基变形的计算方法及允许值、地基稳定性的基本要求及计算原则、各类基础设计的原则和要求。

[6]1.2.8.4 《建筑结构荷载规范》（GB 50009-2012）

本规范适用于建筑工程的结构设计。本标准规定了荷载的分类、荷载效应组合、恒荷载、楼面活荷载、风雪荷载和吊车荷载的数值等。

[6]1.2.8.5 《混凝土结构设计规范》（GB 50010-2010）

本规范适用于房屋和一般构筑物的钢筋混凝土、预应力混凝土以及素混凝土结构的设计。本标准规定了混凝土结构材料的设计指标，承载力、变形和裂缝的设计方法和构造要求，以及结构构件的抗震设计方法和构造要求。

[6]1.2.8.6 《建筑抗震设计规范》（GB 50011-2010）

本规范适用于抗震设防烈度为 6、7、8 和 9 度地区建筑工程的抗震设计以及隔震、消能减震设计。建筑的抗震性能化设计，可采用本规范规定的基本方法。本规范主要内容包括：各类材料的房屋建筑工程抗震设计的三水准设防目标、概念设计和基本要求、场地选择、地基基础抗震验算和处理、结构地震作用取值和构件抗震承载力验算，并针对多层砌体结构、钢筋混凝土结构、钢结构、土木石结构、底框房屋、单层空旷房屋的特点，规定了有别于其静力设计的抗震选型、布置和抗震构造措施。

[6]1.2.8.7 《钢结构设计规范》（GB 50017-2003）

本规范适用于工业与民用房屋和一般构筑物的钢结构设计。本标准规定了各种钢结构的材料设计指标，基本设计原则，各类结构构件的静力、疲劳和抗震设计方法，构造要求以及钢结构的连接技术。

[6]1.2.8.8 《岩土工程勘察规范（2009 年版）》（GB 50021-2001）

本规范适用于除水利工程、铁路、公路和桥隧工程以外的工程建设岩土工程勘察。

[6]1.2.8.9 《动力机器基础设计规范》（GB 50040-96）

本标准适用于活塞式压缩机、汽轮机组和电机等动力机器的基础设计，规定了各类机器基础的动力分析、强度计算和构造措施，规定了地面竖向振动衰减计算公式以及各类机器基础的允许振幅值。

[6]1.2.8.10 《建筑结构可靠度设计统一标准》（GB 50068-2001）

本标准适用于建筑结构、组成结构的构件及地基基础的设计。本标准规定了基于可靠度的设计原则，包括概率极限状态设计法的基本原则、结构上的作用、材料性能和几何参数、分项系数表达式和材料、构件的质量控制。

[6]1.2.8.11 《工程结构可靠性设计统一标准》（GB 50153-2008）

本标准适用于对整个结构、组成结构的构件以及地基基础的设计，适用于结构的施工阶段和使用阶段的设计，适用于对既有结构的可靠性评定。本标准规定了房屋建筑工程、铁路工程、公路工程、港口工程、水利水电工程等各领域工程结构设计的基本原则、基本要求和基本方法，为制定各类工程结构设计标准和其他相关标准提供了基本准则。

[6]1.2.8.12 《构筑物抗震设计规范》（GB 50191-2012）

本规范适用于抗震设防烈度为 6～9 度地区构筑物的抗震设计。其主要内容包括：各类构筑物抗震设计共同的设防目标、概念设计和基本要求、场地选择、地基基础抗震验算和处理、结构地震作用取值和构件抗震承载力验算，并针对烟囱、水塔、构架、贮仓、井塔、井架、冷却塔、电视塔、设备基础、通廊、支架、储罐、尾矿坝等构筑物的结构特点，规定了有别于房屋建筑的抗震选型、布置和抗震构造措施。

[6]1.2.8.13 《建筑地基基础工程施工质量验收规范》（GB 50202-2002）

本规范适用于工业与民用建筑的地基与基础工程的施工及验收。

[6]1.2.8.14 《砌体结构工程施工质量验收规范》（GB 50203-2011）

本规范适用于建筑工程的砖、石、小砌块等砌体结构工程的施工质量验收。

[6]1.2.8.15 《混凝土结构工程施工质量验收规范（2011 年版）》（GB 50204-2002）

本规范适用于建筑工程混凝土结构施工质量的验收，主要内容为混凝土结构工程的检验批和分项工程以及分部工程施工质量验收的要求。

[6]1.2.8.16 《钢结构工程施工质量验收规范》（GB 50205-2001）

本规范的适用范围含建筑工程中的单层、多层、高层钢结构及钢网架、金属压型板等钢结构工程施工质量验收。组合结构、地下结构中的钢结构可参照本规范进行施工质量验收。对于其他行业标准没有包括的钢结构构筑物，如通廊、照明塔架、管道支架、跨线过桥等也可参照本规范进行施工质量验收。

[6]1.2.8.17 《木结构工程施工质量验收规范》（GB 50206-2012）

本规范适用于木结构工程施工质量的验收。

[6]1.2.8.18 《建筑工程抗震设防分类标准》（GB 50223-2008）

本标准适用于抗震设防区建筑工程的抗震设防分类，新建、改建、扩建的建筑工程。本标准依据建筑物遭受地震破坏后对社会影响的程度、直接和间接经济损失的大小和影响范围、建筑在抗震救灾中的作用，并考虑建筑结构自身抗震潜力的大小等因素，对其设防标准予以规定，达到最大限度减少建筑的地震灾害又合理使用有限资金的目的。

[6]1.2.8.19 《建筑工程施工质量验收统一标准》（GB 50300-2013）

本标准适用于建筑工程施工质量的验收，并作为建筑工程各专业工程施工质量验收规范编制的统一准则。

[6]1.2.8.20 《铝合金结构设计规范》（GB 50429-2007）

本规范适用于一般工业与民用建筑和构筑物的铝合金结构设计，不适用于直接受疲劳动力荷载的承重结构和构件设计。本标准规定了铝合金结构材料的设计指标，基本设计原则，构件的有效截面，受弯构件、轴心受力构件、拉弯构件和压弯构件的强度和整体稳定性计算，连接计算，构造要求和铝合金面板。

[6]1.2.8.21 《混凝土结构工程施工规范》（GB 50666-2011）

本规范适用于混凝土结构工程的施工，主要内容为混凝土施工的模板、钢筋和现浇混凝土等操作技术、施工工艺及质量控制。

[6]1.2.8.22 《钢结构工程施工规范》（GB 50755-2012）

本规范适用于钢结构工程的施工，主要内容为钢结构焊接、连接和安装等施工操作技术、施工工艺及质量控制。

[6]1.2.8.23 《木结构工程施工规范》（GB/T 50772-2012）

本规范适用于木结构工程的施工，主要内容为木和原木结构、胶合木结构、木构件防护等木结构工程施工的操作技术、施工工艺及质量控制。

[6]1.2.8.24 《砌体结构工程施工规范》

在编工程建设国家标准。本规范适用于砌体结构工程的施工，主要内容为建筑工程中的砖砌体、砌块砌体及石砌体的砌体结构施工工艺及质量控制。

[6]1.2.9 电气工程通用标准

[6]1.2.9.1 《外壳防护等级（IP 代码）》（GB 4208-2008）

本规范适用于额定电压不超过 72.5 kV、借助外壳防护的电气设备，主要内容是规定了电气设备外壳提供的防护等级分级系统的基本要求。

[6]1.2.9.2 《电能质量 公用电网谐波》（GB/T 14549-1993）

本标准适用于交流额定频率为 50 Hz、标称电压在 110 kV 及以下的公用电网。本标准不适用于暂态现象和短时间谐波。本标准主要内容是规定了公用电网谐波的允许值及其测试方法。

[6]1.2.9.3 《建设工程施工现场供用电安全规范》（GB 50194-1993）

本规范适用于一般工业与民用建设工程电压在 10 kV 及以下的施工现场供用电设施的

设计、施工、运行、维护及拆除，但不适用于水下、井下和矿井等工程。其主要内容是规定了电力建设工程施工现场供用电设施的设计、施工、运行、维护及拆除的基本要求。

[6]1.2.9.4 《建筑工程施工质量验收统一标准》（GB 50300-2013）

本标准适用于建筑工程施工质量的验收，主要内容是规定了建筑工程各专业工程施工质量验收规范编制的统一准则。

[6]1.2.9.5 《建筑电气工程施工质量验收规范》（GB 50303-2002）

本规范适用于满足建筑物预期使用功能要求的电气安装工程施工质量验收，适用电压等级为 10 kV 及以下。其主要内容是规定了建筑电气工程施工质量验收的原则和要求。

[6]1.2.9.6 《安全防范工程技术规范》（GB 50348-2004）

本规范适用于新建、改建、扩建的安全防范工程。通用型公共建（构）筑物（及其群体）和有特殊使用功能的高风险建（构）筑物（及其群体）的安全防范工程的建设，均应执行本规范。本规范的主要内容是规定了安全防范工程设计、高风险对象的安全防范工程设计、普通风险对象的安全防范工程设计、安全防范工程施工、安全防范工程检验、安全防范工程验收等的原则和要求。

[6]1.2.10 自控工程通用标准

[6]1.2.10.1 《智能建筑设计标准》（GB/T 50314-2006）

本标准适用于新建、扩建和改建的办公、商业、文化、媒体、体育、医院、学校、交通和住宅等民用建筑及通用工业建筑等智能化系统工程设计。其主要内容是规定了智能建筑设计的基本要求，办公建筑、建筑设备监控系统、文化建筑、媒体建筑、体育建筑、医院建筑、学校建筑、交通建筑、住宅建筑、通用工业建筑等智能化系统工程设计的原则和要求。

[6]1.2.10.2 《智能建筑工程质量验收规范》（GB 50339-2013）

本规范适用于建筑工程的新建、扩建和改建工程中的智能建筑工程质量验收。其主要内容是规定了智能建筑工程质量验收的基本规定，通信网络系统、信息网络系统、建筑设备监控系统、火灾自动报警及消防联动系统、安全防范系统、综合布线系统、智能化系统集成、电源与接地、环境、住宅（小区）智能化等智能建筑工程质量验收的原则和要求。

[6]1.3 专用标准

[6]1.3.1 市容景观专用标准

[6]1.3.1.1 《城市道路除雪作业技术规程》（CJJ/T 108-2006）

本规程适用于城市的机动车道、非机动车道、立交桥、人行道、过街路桥和广场等。

其主要内容是规定除雪机具、融雪剂、除雪作业方法及技术指标。

[6]1.3.1.2　《城市道路清扫保洁质量与评价标准》（CJJ/T 126-2008）

为了对城市道路清扫保洁进行科学、统一和规范的质量管理，制定本标准。本标准适用于城市道路及广场清扫保洁作业和质量评价。

[6]1.3.1.3　《城市水域保洁作业及质量标准》（CJJ/T 174-2013）

为了对城市水域保洁作业和质量进行科学、统一、规范的管理，维护水域环境卫生，制定本标准。本标准适用于城市水域保洁作业和质量管理，包括水面、堤岸、水上公共设施等。本标准对水域保洁等级、作业要求、质量要求、质量检查评价作了相应的规定。

[6]1.3.1.4　《绿化喷洒多用车》（CJ/T 5083-1996）

本标准规定了绿化喷洒多用车的定义、分类、技术要求、试验方法、检验规则、标志、运输和贮存，适用于园林绿化用喷洒多用车。

[6]1.3.1.5　《四川省城市园林绿化技术操作规程》（DB51/ 5016-98）

本标准规定了园林苗圃的建立、苗木繁殖、苗木培育和苗木出圃的技术操作程序。本标准适用于四川省盆地各园林苗圃的育苗，盆周山区高寒地区应结合本地气候及地理条件参照执行。

[6]1.3.1.6　《垂直绿化工程技术规程》

在编工程建设行业标准。本规程适用于市、区、县等各级有关部门管理的公共绿地、各企事业单位的附属绿地和居住区绿地的垂直绿化。

[6]1.3.1.7　《城市景观灯光设计标准》

待编四川省工程建设地方标准。我省目前暂无城市景观灯光设计标准，建议编制该规范，用以对建筑物泛光照明，道路及其两侧、步行街、各类广场绿地、水体的等级划分、照明、电气控制方法、光污染控制等提出要求。

[6]1.3.1.8　《户外广告设置安全技术规程》

待编四川省工程建设地方标准。我省目前暂无对城市屋顶广告、地面广告、墙面广告、霓虹灯广告的统一安全技术规定，建议编制该规范，用以对户外广告设置的固定支架设计、安装、检测和安全技术提出要求。

[6]1.3.1.9　《城市建（构）筑物清洁保养验收标准》

待编四川省工程建设地方标准。我省目前暂无对城市建（构）筑物清洁保养验收标准，建议编制该规范，用以对建（构）筑物清洁保养，用户与清洁单位签订合同的依据提出统一要求，同时规定城市建（构）筑物清洁保养的基本原则，提出专项清洁保养，墙面、地面、设备、门窗玻璃清洁保养等质量要求、验收方法和标准，及对清洁保养工具、清洁机械、清洁剂、安全等的要求。

[6]1.3.1.10 《绿道规划与设计规范》

待编四川省工程建设地方标准。省内各地均大力建设绿道系统，但缺乏绿道规划与设计规范。建议编制该规范，用以规定绿道规划建设的基本原则和方法，对绿道进行合理的分类，并对其提出标识系统、雕塑小品、服务设施等方面的建设要求。

[6]1.3.1.11 《古树名木保护技术管理规程》

待编四川省工程建设地方标准。省内暂无古树名木保护技术管理规程，建议编制该规程，用以对城市规划区内和风景名胜区的古树名木进行保护管理，使城市中的古树名木得到更好的保护。

[6]1.3.2 环境保护专用标准

[6]1.3.2.1 《作业场所激光辐射卫生标准》（GB 10435-1989）

本标准规定了作业场所激光辐射卫生标准及其测试方法，适用于生产研制和使用激光器的单位和企业。

[6]1.3.2.2 《作业场所微波辐射卫生标准》（GB 10436-1989）

本标准规定了作业场所微波辐射卫生标准及测试方法，适用于接触微波辐射的各类作业，不包括居民所受环境辐射及接受微波诊断或治疗的辐射。

[6]1.3.2.3 《居室空气中甲醛的卫生标准》（GB/T 16127-1995）

本标准规定了居室内空气中甲醛的最高容许浓度，适用于各类城乡住宅内的空气环境。

[6]1.3.2.4 《居住区大气中苯并（a）芘卫生标准》（GB 18054-2000）

本标准规定了居住区大气中苯并（a）芘的日平均最高容许浓度及其监测检验方法，适用于居住区大气环境的监测和评价。

[6]1.3.2.5 《居住区大气中甲硫醇卫生标准》（GB 18056-2000）

本标准规定了居住区大气中甲硫醇一次最高容许浓度及其监测检验方法，适用于居住区大气环境的监测和评价。

[6]1.3.2.6 《居住区大气中正己烷卫生标准》（GB 18057-2000）

本标准规定了居住区大气中正己烷的一次最高容许浓度及其监测检验方法，适用于居住区大气环境的监测和评价。

[6]1.3.2.7 《居住区大气中酚卫生标准》（GB 18067-2000）

本标准规定了居住区大气中酚的最高容许浓度及其监测检验方法，适用于居住区大气环境的监测和评价。

[6]1.3.2.8 《建筑施工现场环境与卫生标准》（JGJ 146-2004）

为保障作业人员的身体健康和生命安全，改善作业人员的工作环境与生活条件，保护生态环境，防治施工过程对环境造成污染和各类疾病的发生，制定本标准。本标准适用于新建、扩建、改建的土木工程、建筑工程、线路管道工程、设备安装工程、装修装饰工程及拆除工程。

[6]1.3.2.9 《建筑机械与设备噪声限值》（JG/T 5079.1-1996）

本标准规定了建筑机械与设备正常作业时影响外部环境和司机耳边的辐射噪声限值，适用于 GB12348 规定的四类区域进行正常施工作业的机械，不适用于救灾抢险的机器及机器安全装置的报警声响。

[6]1.3.3 生活垃圾收集转运专用标准

[6]1.3.3.1 《生活垃圾转运站运行维护技术规程》（CJJ 109-2006）

本规程适用于转运站的运行、维护、安全管理、控制及环境保护与监测。

[6]1.3.3.2 《生活垃圾转运站技术规范》（CJJ 47-2006）

本规范适用于新建、改建和扩建转运站工程的规划、设计、施工及验收。主要内容是规定生活垃圾转运站的选址和规模、建设和环境、分选设备、中转设备和设施的设计、施工、验收等。

[6]1.3.3.3 《生活垃圾转运站评价标准》（CJJ/T 156-2010）

本标准适用于新建及改建的大、中型（Ⅰ类、Ⅱ类、Ⅲ类）和小型（Ⅳ类、Ⅴ类）的垃圾转运站评价，主要对工程建设、生产运行、污染控制与节能减排、总体印象作出评价。

[6]1.3.3.4 《生活垃圾转运站压缩机》（CJ/T 338-2010）

本标准规定了生活垃圾转运站压缩机的分类和型号，要求，试验方法，检测规则，标志、包装、运输和贮存，使用说明书等。适用于 CJJ47 中规定的大、中型生活垃圾转运站内单机生产率大于等于 20 t/h 的生活垃圾压缩机的设计、制造。

[6]1.3.3.5 《生活垃圾转运站运行管理规范》

待编四川省工程建设地方标准。目前我省并无相应规范对生活垃圾转运站的工艺运行、设备车辆、计量信息、环境和生产安全等方面做出管理要求，因此有必要编制本规范。

[6]1.3.3.6 《生活垃圾分类技术规范》

待编四川省工程建设地方标准。为进一步促进生活垃圾的分类收集和资源化利用，使生活垃圾分类规范、收集有序，可编制本规范，用以对生活垃圾的分类以及投放作出规定。

[6]1.3.3.7 《生活垃圾收集系统规划规范》

待编四川省工程建设地方标准。为确保生活垃圾收集系统的经济、合理，在提高收集效率的同时，尽量减小对居民生活的影响，可编制本规范，用以对垃圾收集系统的规划作出规定。

[6]1.3.3.8 《生活垃圾收集运输管理规范》

待编四川省工程建设地方标准。为规范生活垃圾收集运输过程中垃圾投放、垃圾收集和垃圾运输等管理要求，可编制本规范。

[6]1.3.3.9 《生活垃圾分类收集设备设施建设标准》

待编四川省工程建设地方标准。由于我省目前并无生活垃圾分类收集相应规范，为完善生活垃圾分类收集，相应的设备设施需先行建设，因此本标准的编制显得十分迫切。

[6]1.3.4 生活垃圾填埋处理专用标准

[6]1.3.4.1 《生活垃圾填埋场污染控制标准》（GB 16889-2008）

本标准规定了生活垃圾填埋场选址、设计与施工、填埋废物的入场条件、运行、封场、后期维护与管理的污染控制和监测等方面的要求。本标准适用于生活垃圾填埋场建设、运行和封场后的维护与管理过程中的污染控制和监督管理。

[6]1.3.4.2 《土工合成材料 长丝机织土工布》（GB/T 17640-2008）

本标准规定了长丝机织土工布和模袋布的产品分类、规格、代号、技术要求及品质评定、试验方法、检验规则、包装和标志等。本标准适用于以合成纤维长丝为原料织制的长丝机织土工布及模袋布。

[6]1.3.4.3 《生活垃圾卫生填埋场环境监测技术要求》（GB/T 18772-2008）

本标准规定了生活垃圾卫生填埋场大气污染物监测、填埋气体监测、渗滤液监测、填埋物外排水监测、地下水监测、噪声监测、填埋物监测、苍蝇密度监测、封场后的填埋场环境监测的内容和方法。本标准适用于生活垃圾卫生填埋场，不适用于工业固体废弃物及危险废弃物填埋场。

[6]1.3.4.4 《土工合成材料 机织/非织造复合土工布》（GB/T 18887-2002）

本标准规定了机织/非织造复合土工布的产品分类、规格、代号、技术要求、试验方法、检测规则、包装和标志等。本标准适用于以聚合物为原料制成的长丝机织土工布或裂膜丝机织土工布（编织土工布）与短纤非织造土工布经针刺复合而成的土工布产品，其他类似产品可参照采用。

[6]1.3.4.5 《生活垃圾卫生填埋处理技术规范》（GB 50869-2013）

本规范适用于新建、改建、扩建的生活垃圾卫生填埋场处理工程的选址、设计、施工、验收及作业管理。

[6]1.3.4.6 《生活垃圾卫生填埋场运行维护技术规程》（CJJ 93-2011）

本规程适用于填埋场的运行、维护及安全管理，主要对垃圾计量与检验，填埋作业及作业区覆盖，填埋气体收集与处理，地表水、地下水、渗滤液收集与处理，填埋作业机械，填埋场监测与检测等作出规定。

[6]1.3.4.7 《生活垃圾填埋场无害化评价标准》（CJJ/T 107-2005）

本标准规范了生活垃圾填埋场的工程建设和运行管理的评价，为提高我国生活垃圾无害化处理的水平及今后发展决策提供了依据。本标准适用于对垃圾填埋场进行无害化评价。

[6]1.3.4.8 《生活垃圾卫生填埋封场技术规程》（CJJ 112-2007）

本规程规范了生活垃圾卫生填埋场封场工程的设计、施工、验收、运行维护，以实现科学管理，达到封场工程及封场后的填埋场安全稳定、生态恢复、土地利用、环境保护的目标，适用于生活垃圾卫生填埋场，简易垃圾填埋场可参照执行。

[6]1.3.4.9 《生活垃圾卫生填埋场防渗系统工程技术规范（CJJ 113-2007）

本规范适用于垃圾填埋场防渗系统工程的设计、施工、验收及维护，主要对填埋场防渗系统工程设计、工程材料、工程施工、工程验收及维护作出了规定。

[6]1.3.4.10 《生活垃圾填埋场填埋气体收集处理及利用工程技术规范》（CJJ 133-2009）

本规范规定了生活垃圾填埋场填埋气体收集、处理及利用的基本技术要求，适用于新建、扩建、改建的填埋气体收集、处理及利用工程的设计、施工及验收。

[6]1.3.4.11 《生活垃圾卫生填埋气体收集处理及利用工程运行维护技术规程》（CJJ 175-2012）

为保证生活垃圾卫生填埋场填埋气体收集、处理及利用工程的安全运营，实现日常管理科学化、作业规范化，达到提高填埋气体收集、处理及利用效率，降低运营维护成本，保护环境的目的，制定本规程。本规程适用于生活垃圾卫生填埋场填埋气体收集、处理及利用工程的运行、维护及安全管理。

[6]1.3.4.12 《生活垃圾卫生填埋场岩土工程技术规范》（CJJ 176-2012）

为了防止和减少填埋场发生失稳滑坡、填埋气爆炸和火灾、渗沥液渗漏污染周边环境等危害，增加填埋场单位土地面积垃圾填埋量，节约填埋用地，减少渗沥液产量，提高填埋气收集及资源化利用水平，制定本规范。本规范适用于填埋场库区工程的岩土工程设计、施工与运行安全监测。

[6]1.3.4.13 《聚乙烯土工膜防渗工程技术规范》（SL/T 231-1998）

为提高聚乙烯（PE）土工膜防渗工程的建设水平，防止由于水及水溶液的渗漏造成损失或危害，提高水的利用率，使防渗工程正常发挥效益，特制定本规范。本规范适用于以非加筋 PE 土工膜为防渗材料的水工建筑物、隧道或其他类型地下结构的防渗体、铺盖及固体废料填埋的衬护等防渗工程的设计、施工及验收。

[6]1.3.4.14 《垃圾填埋场用高密度聚乙烯土工膜》（CJ/T 234-2006）

本标准规定了垃圾填埋场用高密度聚乙烯土工膜的分类、要求、试验方法、测试频率、标志、包装、运输和贮存等，适用于填埋场防渗、封场等工程中所使用的，以中（高）密度聚乙烯树脂为主要原料，添加各类助剂所生产的高密度聚乙烯土工膜。

[6]1.3.4.15 《垃圾填埋场用线性低密度聚乙烯土工膜》（CJ/T 276-2008）

本标准规定了垃圾填埋场用线性低密度聚乙烯（LLDPE）土工膜的分类、要求、试验方法、测定频率、标志、标签、包装、运输和贮存等。本标准适用于垃圾填埋场在终场覆盖、临时覆盖、中间覆盖等工程中所使用的线性低密度聚乙烯（LLDPE）土工膜。覆盖用的低密度聚乙烯（LDPE）土工膜可参照本标准。

[6]1.3.4.16 《垃圾填埋场用高密度聚乙烯管材》（CJ/T 371-2011）

本标准规定了垃圾填埋场用聚乙烯（PE）管材的术语和定义、材料、要求、实验方法、检验规则和标志、包装、运输和贮存。本标准适用于垃圾填埋气体、渗沥液、地下水及地表水的收集和输送用高密度聚乙烯管材。

[6]1.3.4.17 《垃圾填埋场人工防渗系统渗漏破损探测技术规程》

在编工程建设行业标准。为提高垃圾填埋场人工防渗系统的建设水平，及时发现和修补防渗系统中土工膜存在的渗漏破损缺陷，保障其可靠性和安全性，控制渗沥液渗漏对周围环境造成污染和损害，制定本规程。本规程适用于采用高密度聚乙烯土工膜为主构筑的防渗结构体系在防渗系统施工期间、施工完成后及运行期间对防渗土工膜潜在的渗漏破损的探测。

[6]1.3.4.18 《城市垃圾卫生填埋场工程施工及验收规范》

待编四川省工程建设地方标准。目前我省并无生活垃圾填埋场工程施工及验收相应规范，因此，有必要编制本规范。

[6]1.3.5 生活垃圾堆肥处理专用标准

[6]1.3.5.1 《城市生活垃圾好氧静态堆肥处理技术规程》（CJJ/T 52-93）

为提高城市生活垃圾堆肥处理的技术水平，使其科学化、规范化，制定本规程。本规程适用于城市生活垃圾好氧静态堆肥处理。

[6]1.3.5.2 《城市生活垃圾堆肥处理厂运行、维护及其安全技术规程》（CJJ/T 86-2000）

为了加强和完善城市生活垃圾堆肥处理厂的科学管理，提高管理人员与操作人员的技术水平，保证安全运行，提高生产效率，实现城市生活垃圾无害化、减量化、资源化处理，化害为利、变废为宝和保护环境的目的，制定本规程。本规程适用于以城市生活垃圾为主要原料的静态和间歇动态高温堆肥处理厂的运行、维护及安全管理。

[6]1.3.5.3 《生活垃圾堆肥厂评价标准》（CJJ/T 172-2011）

本标准规定了生活垃圾堆肥厂的综合评价标准，包括评价等级划分及其综合评价分值要求、关键分项最小分值要求。综合评价分值应达到具体级别要求的分值，达不到则应按关键分项值达到的最低级别评定。

[6]1.3.5.4 《城市生活垃圾堆肥处理厂技术评价指标》（CJ/T 3059-1996）

为规范生活垃圾堆肥厂的工程建设和运行管理，考核堆肥厂的实际建设和运行状况，提高我国堆肥厂的建设和运行水平，促进垃圾堆肥处理的健康发展，制定本标准。本标准适用于新建、改建和扩建，并正式投入运行满一年以上的堆肥厂。分期建设的堆肥厂，可对已建成并正式投入运行满一年的分期工程进行评价。

[6]1.3.6 生活垃圾焚烧处理专用标准

[6]1.3.6.1 《生活垃圾焚烧污染控制标准》（GB 18485-2001）

本标准规定了生活垃圾焚烧厂选址原则、生活垃圾入厂要求、焚烧炉基本技术性能指标、焚烧厂污染物排放限值等要求。

[6]1.3.6.2 《生活垃圾焚烧处理工程技术规范》（CJJ 90-2009）

为实现生活垃圾处理的无害化、减量化、资源化目标，规范生活垃圾焚烧处理工程规划、设计、施工、验收和运行管理，制定本规范。本规范适用于以焚烧方法处理生活垃圾的新建和改扩建工程。

[6]1.3.6.3 《生活垃圾焚烧厂运行维护与安全技术规程》（CJJ 128-2009）

为加强生活垃圾（以下简称垃圾）焚烧厂的科学管理，保障垃圾焚烧处理设施的安全、正常、稳定运行，达到节约能源、减少污染、科学管理的目的，制定本规程。本规程适用于采用炉排式垃圾焚烧锅炉作为焚烧设备的垃圾焚烧厂的运行维护与安全。

[6]1.3.6.4 《生活垃圾焚烧厂评价标准》（CJJ/T 137-2010）

为规范生活垃圾焚烧厂项目的工程建设和运行管理，保障社会公众利益，提高我国焚烧厂的建设和运行水平，促进垃圾焚烧处理行业的健康发展，制定本评价标准。本标准适用于新建及改扩建，并正式投入运行一年以上的焚烧厂。分期建设的焚烧厂，可对已建成并投入运行满一年的分期工程进行评价。

[6]1.3.7 生活垃圾渗滤液处理专用标准

[6]1.3.7.1 《生活垃圾渗沥液处理技术规范》（CJJ 150-2010）

本规范适用于新建、改建及扩建的各类生活垃圾处理设施产生的渗沥液处理工程的建设和运行管理，主要对渗沥液水量与水质、处理工艺、总体布置及配套工程、工程施工及验收、工艺调试与运行管理等方面作出规定。

[6]1.3.7.2 《生活垃圾渗滤液碟管式反渗透处理设备》（CJ/T 279-2008）

本标准规定了生活垃圾渗滤液碟管式反渗透处理设备的产品分类与型号、要求、试验方法、检验规则、标志、包装、运输及贮存，适用于采用碟管式反渗透技术处理生活垃圾渗滤液的水处理设备。

[6]1.3.7.3 《生活垃圾填埋场渗滤液处理工程技术规范（试行）》（HJ 564-2010）

本标准规定了生活垃圾填埋场渗滤液处理工程的总体要求、工艺设计、监测控制、施工验收、运行维护等的技术要求，适用于生活垃圾填埋场垃圾渗滤液处理工程，可作为环境影响评价、工程咨询、设计施工、环境保护验收及建成后运行与管理的技术依据。

[6]1.3.7.4 《生活垃圾渗滤液处理工程项目建设标准》

待编四川省工程建设地方标准。目前我省并无相应标准对垃圾渗滤液处理工程建设规模和主体工程、配套工程等的建设作出规定，因此，应编制本建设标准。

[6]1.3.7.5 《生活垃圾渗滤液处理工程运行维护技术规程》

待编四川省工程建设地方标准。由于我省缺乏渗滤液处理工程的运行、维护、安全管理、控制及环境保护与监测的相应规程，因此应编制本规程。

[6]1.3.7.6 《生活垃圾渗滤液处理工程施工及验收规范》

待编四川省工程建设地方标准。由于我省缺乏垃圾渗滤液处理工程施工及验收相应规范，因此需编制本规范。

[6]1.3.7.7 《生活垃圾渗滤液处理工程评价标准》

待编四川省工程建设地方标准。由于我省缺乏垃圾渗滤液处理工程综合评价标准，因此需编制本标准。

[6]1.3.8 餐厨垃圾处理专用标准

[6]1.3.8.1 《餐厨垃圾资源利用技术要求》

在编工程建设行业标准。为规范餐厨垃圾资源利用的技术要求与产品要求，指导餐厨垃圾资源利用技术应用的各环节，应编制本标准。

[6]1.3.8.2 《餐厨垃圾饲料化或肥料化处理技术规程》

待编四川省工程建设地方标准。为提高餐厨垃圾干式饲料化处理的技术水平，使其科学化、规范化，急需编制本规程。

[6]1.3.8.3 《餐厨垃圾处理作业规程》

待编四川省工程建设地方标准。为提高餐厨垃圾处理作业水平，使处理作业更加规范化，应编制本作业规程。

[6]1.3.8.4 《餐厨垃圾车技术条件》

待编四川省工程建设地方标准。为规定餐厨垃圾车的技术要求、试验方法、检验规则、标志、运输和贮存，应编制本技术条件。

[6]1.3.8.5 《餐厨垃圾车运行管理规范》

待编四川省工程建设地方标准。为规范餐厨垃圾车的运行、管理，应编制本规范。

[6]1.3.9 建筑垃圾处理专用标准

[6]1.3.9.1 《建筑垃圾回收利用技术规范》

待编四川省工程建设地方标准。为加强建筑垃圾资源化处置设施建设的科学性，规范建筑垃圾资源化处置设施建设，推动资源的循环利用，提高投资效益，急需编制本规范。

[6]1.3.9.2 《建筑垃圾收集与运输技术规范》

待编四川省工程建设地方标准。由于我省目前缺乏建筑垃圾收集、运输过程中所应遵守的技术要求，因此需编制本规范。

[6]1.3.10 危险废物处理专用标准

[6]1.3.10.1 《危险废物鉴别标准 腐蚀性鉴别》（GB 5085.1-2007）

本标准规定了腐蚀性危险废物的鉴别标准，适用于任何生产、生活和其他活动中产生的固体废物的腐蚀性鉴别。

[6]1.3.10.2 《危险废物鉴别标准 急性毒性初筛》（GB 5085.2-2007）

本标准规定了急性毒性危险废物的初筛标准，适用于任何生产、生活和其他活动中产生的固体废物的急性毒性鉴别。

[6]1.3.10.3 《危险废物鉴别标准 浸出毒性鉴别》（GB 5085.3-2007）

本标准规定了以浸出毒性为特征的危险废物鉴别标准，适用于任何生产、生活和其他活动中产生固体废物的浸出毒性鉴别。

[6]1.3.10.4 《危险废物鉴别标准 易燃性鉴别》（GB 5085.4-2007）

本标准规定了易燃性危险废物的鉴别标准，适用于任何生产、生活和其他活动中产生的固体废物的易燃性鉴别。

[6]**1.3.10.5** 《危险废物鉴别标准 反应性鉴别》（GB 5085.5-2007）

　　本标准规定了反应性危险废物的鉴别标准，适用于任何生产、生活和其他活动生产中产生的固体废物的反应性鉴别。

[6]**1.3.10.6** 《危险废物鉴别标准 毒性物质含量鉴别》（GB 5085.6-2007）

　　本标准规定了含有毒性、致癌性、致突变性和生殖毒性物质的危险废物鉴别标准，适用于任何生产、生活和其他活动中产生的固体废物的毒性物质含量鉴别。

[6]**1.3.10.7** 《危险废物鉴别标准 通则》（GB 5085.7-2007）

　　本标准规定了危险废物的鉴别程序和鉴别规则，适用于任何生产、生活和其他活动中产生的固体废物的危险特性鉴别。

[6]**1.3.10.8** 《危险废物焚烧污染控制标准》（GB 18484-2001）

　　本标准从危险废物处理过程中环境污染防治的需要出发，规定了危险废物焚烧设施场所的选址原则、焚烧基本技术性能指标、焚烧排放大气污染物的最高允许排放限值、焚烧残余物的处置原则和相应的环境监测等。本标准适用于除易爆和具有放射性以外的危险废物焚烧设施的设计、环境影响评价、竣工验收以及运行过程中的污染控制管理。

[6]**1.3.10.9** 《危险废物贮存污染控制标准》（GB 18597-2001）

　　本标准规定了对危险废物贮存的一般要求，对危险废物的包装、贮存设施的选址、设计、运行、安全防护、监测和关闭等要求，适用于所有危险废物（尾矿除外）贮存的污染控制及监督管理，适用于危险废物的生产者、经营者和管理者。

[6]**1.3.10.10** 《危险废物填埋污染控制标准》（GB 18598-2001）

　　本标准规定了危险废物填埋的入场条件，填埋场的选址、设计、施工、运行、封场及监测的环境保护要求，适用于危险废物填埋场的建设、运行及监督管理。

[6]**1.3.10.11** 《危险废物集中焚烧处置工程建设技术规范》（HJ/T 176-2005）

　　为贯彻我国危险废物领域有关法规，实现危险废物处置的资源化、减量化和无害化目标，规范危险废物焚烧处置工程规划、设计、施工及验收和运行管理，制定本技术规范。本规范适用于以焚烧方法集中处置危险废物的新建、改建和扩建工程及企业自建的危险废物焚烧处置工程。特殊危险废物（多氯联苯、爆炸性、放射性废物等）专用焚烧处置工程可参照本技术规范的有关规定；对于统筹考虑焚烧危险废物和医疗废物的焚烧处置工程，应同时满足本技术规范和《医疗废物集中焚烧处置工程建设技术规范》的有关规定，相对应指标技术要求不同的，按从严的要求执行。

[6]**1.3.10.12** 《危险废物（含医疗废物）焚烧处置设施二噁英排放检测技术规范》（HJ/T 365-2007）

　　本规范规定了危险废物焚烧处置设施二噁英排放检测的点位布设、采样时的运行工况、采样器材、分析方法、质量保证和质量控制、数据处理、结果表达和监测报告等技术要求。本规范适用于危险废物焚烧处置设施、医疗废物焚烧处理设施和水泥窑处置危险废物设施建设项目竣工环境保护验收、监督性监测过程中的二噁英类监测，委托监测应参照本标准执行。

[6]1.3.10.13 《危险废物（含医疗废物）焚烧处置设施性能测试技术规范》（HJ 561-2010）

本规范规定了危险废物（含医疗废物）焚烧处置设施性能测试所涉及的测试内容、程序及技术要求，适用于危险废物（含医疗废物）焚烧处置设施的性能测试。

[6]1.3.10.14 《危险废物收集、贮存、运输技术规范》（HJ 2025-2012）

本规范规定了危险废物收集、贮存、运输过程中所应遵守的技术要求，适用于危险废物产生单位的危险废物的收集、贮存和运输活动。

[6]1.3.11 医疗废物处理专用标准

[6]1.3.11.1 《医疗废弃物焚烧环境卫生标准》（GB/T 18773-2008）

本标准规定了医疗废弃物焚烧环境卫生标准值及监测方法，适用于医疗废弃物的焚烧。

[6]1.3.11.2 《医疗废物集中焚烧处置工程技术规范》（HJ/T 177-2005）

本规范是医疗废物集中焚烧处置工程的规划、设计、施工、验收和运行管理规范，适用于以集中焚烧方法处理医疗废物的新建、改建和扩建工程。对于统筹考虑焚烧医疗废物和其他危险废物的焚烧处置工程，应同时满足《危险废物集中焚烧处置工程建设技术规范》和本技术规范规定，相对应指标技术要求不同的，按从严的要求执行。

[6]1.3.11.3 《医疗废物化学消毒集中处理工程技术规范（试行）》（HJ/T 228-2005）

本规范适用于化学消毒处理技术集中处理医疗废物的新建、改建和扩建工程，以及化学消毒处理厂建设后的运行管理。本规范主要对医疗废物化学消毒处理厂总体设计，医疗废物收集、贮存、输送及设施清洗消毒系统，化学消毒处理系统，配套工程等方面作出规定。

[6]1.3.11.4 《医疗废物微波消毒集中处理工程技术规范（试行）》（HJ/T 229-2005）

本规范适用于微波消毒处理技术集中处理医疗废物的新建、改建和扩建工程，以及微波消毒处理厂建设后的运行管理。本规范主要对医疗废物微波消毒处理厂总体设计，医疗废物收集、贮存、输送及设施清洗消毒，微波消毒处理系统，配套工程等方面作出规定。

[6]1.3.11.5 《医疗废物高温蒸汽集中处理工程技术规范（试行）》（HJ/T 276-2006）

本规范规定了高温蒸汽处理技术集中处理医疗废物的技术要求，适用于以高温蒸汽处理方法集中处理医疗废物的新建、改建和扩建工程。不具备集中处理医疗废物条件的地区，如采用高温蒸汽处理技术自行就地处理医疗废物，其医疗废物高温蒸汽处理可参照本标准执行。

[6]1.3.11.6 《医疗废物专用包装袋、容器和警示标志标准》（HJ/T 421-2008）

本标准规定了医疗废物专用包装袋、利器盒和周转箱（桶）的技术要求以及相应的试验方法和检验规则，并规定了医疗废物警示标志。本标准适用于医疗废物专用包装袋、容器的生产厂家、运输单位和医疗废物处置单位。

[6]1.3.11.7 《医疗废物集中焚烧处置设施运行监督管理技术规范（试行）》（HJ 516-2009）

本标准规定了医疗废物集中焚烧处置设施运行的监督管理的程序、要求、内容以及监督管理办法等。本标准适用于经营性医疗废物集中焚烧处置设施运行的监督管理，其他医疗废物焚烧处置设施运行期间的监督管理可参照本标准执行。

[6]1.3.11.8 《医疗废物收集、贮存、运输技术规范》

待编四川省工程建设地方标准。由于我省缺乏医疗废物收集、贮存、运输过程中所应遵守的技术要求，因此，需编制本规范。

[6]1.3.12 污泥处理专用标准

[6]1.3.12.1 《农用污泥中污染物控制标准》（GB 4284-84）

本标准适用于在农田中施用城市污水处理厂污泥、城市下水沉淀池的污泥、某些有机物生产厂的下水污泥以及江、河、湖、库、塘、沟、渠的沉淀底泥。

[6]1.3.12.2 《城镇污水处理厂污泥处置 分类》（GB/T 23484-2009）

本标准规定了城镇污水处理厂污泥处理方式的分类，适用于城镇污水处理厂污泥处置工程的建设、运营和管理。

[6]1.3.12.3 《城镇污水处理厂污泥处置 园林绿化用泥质》（GB/T 23486-2009）

本标准规定了城镇污水处理厂污泥园林绿化利用的泥质指标、取样和监测等技术要求，适用于城镇污水处理厂污泥处置和污泥园林绿化利用。

[6]1.3.12.4 《城镇污水处理厂污泥泥质》（GB 24188-2009）

本标准规定了城镇污水处理厂污泥泥质的控制指标及限值，适用于城镇污水处理厂的污泥，居民小区的污水处理设施的污泥可参照本标准执行。

[6]1.3.12.5 《城镇污水处理厂污泥处置 土地改良用泥质》（GB/T 24600-2009）

本标准规定了城镇污水处理厂污泥土地改良利用的泥质指标及限制、取样和监测等，适用于城镇污水处理厂污泥的处置和污泥土地改良利用，排水管道通挖污泥用于土地改良的泥质可参照本标准。

[6]1.3.12.6 《城镇污水处理厂污泥处置 单独焚烧用泥质》（GB/T 24602-2009）

本标准规定了城镇污水处理厂污泥单独焚烧时的泥质指标、取样和监测等技术要求，适用于城镇污水处理厂污泥处置规划、设计和管理。

[6]1.3.12.7 《水泥窑协同处置污泥工程设计规范》（GB 50757-2012）

为规范水泥窑协同处置污泥的设计标准，使水泥窑协同处置污泥工程实现减量化、无害化和资源化目标，制定本设计规范。本规范适用于新型干法水泥熟料生产线协同处置污泥新建、改建和扩建工程的设计。

[6]1.3.12.8 《城镇污水处理厂污泥处理技术规程》（CJJ 131-2009）

为科学合理地处理城市污水处理厂所产生的污泥，减少城市污水处理厂对周边环境的不良影响，控制污泥所造成的污染，充分体现人与自然的和谐统一，促进整个社会的可持续发展，制定本规程。

[6]1.3.12.9 《城镇污水处理厂污泥处置 混合填埋泥质》（CJ/T 249-2007）

本标准规定了城镇污水处理厂污泥进入生活垃圾卫生填埋场混合填埋处理和用作覆盖土的泥质指标、取样与监测等技术要求，适用于城镇污水处理厂污泥的处置和污泥与生活垃圾的混合填埋。

[6]1.3.12.10 《城镇污水处理厂污泥处置 水泥熟料生产用泥质》（CJ/T 314-2009）

本标准规定了城镇污水处理厂污泥用于水泥熟料生产的泥质指标及限值、取样和监测等。本标准适用于城镇污水处理厂污泥的处置和污泥水泥熟料生产利用。

[6]1.3.12.11 《城市污水处理厂污水污泥排放标准》（CJ 3025-1993）

本标准规定了城市污水处理厂排放污水污泥的标准值及其检测、排放与监督。本标准适用于全国各地的城市污水处理厂。地方可根据本标准并结合当地特点制定地方城市污水处理厂污水污泥排放标准。如因特殊情况，需宽于本标准时，应报请标准主管部门批准。

[6]1.3.12.12 《城镇给水处理厂污泥处置技术规程》

待编四川省工程建设地方标准。为提高城镇污水处理厂污泥处理的技术水平，使其科学化、规范化，急需制订本规程。

[6]1.3.13 环境卫生设计专用标准

[6]1.3.13.1 《纺织工业企业职业安全卫生设计规范》（GB 50477-2009）

为保障纺织工业企业劳动者在工作场所的安全和卫生，根据国家有关法律法规，制定本规范。本规范适用于纺织工业企业的新建、改建、扩建及技术改造项目的职业安全卫生设计。

[6]1.3.13.2 《电子工业职业安全卫生设计规范》（GB 50523-2010）

为规范电子工业建设项目的工程设计，确保建设项目满足预防安全事故、预防职业危害及职业病防治等职业安全卫生要求，保障劳动者在职业活动中的安全与健康，避免造成人身伤害和财产损失，制定本规范。本规范适用于电子工业新建、改建和扩建的职业安全卫生设计。

[6]1.3.13.3 《机械工业职业安全卫生设计规范》（JBJ 18-2000）

为在机械工厂职业安全卫生设施设计中，正确贯彻"安全第一，预防为主"的方针，加强劳动保护，改善劳动条件，做到安全可靠、保障健康、技术先进、经济合理，特制定本规范。本规范适用于机械工厂新建、改建、扩建和技术改造项目的职业安全卫生设施设计。

[6]1.3.13.4 《石油化工企业职业安全卫生设计规范》（SH 3047-93）

为了在设计中贯彻"安全第一，预防为主"的方针，保障石油化工企业劳动者在劳动过程中的安全与健康，促进石油化工工业的发展，特制定本规范。本规范适用于石油化工企业新建、扩建、改建工程的设计。

[6]1.3.13.5 《化工粉体工程设计安全卫生规定》（HG 20532-93）

本规定旨在提高化工粉体工程设计的劳动安全与工业卫生水平，防止在生产中对人体健康和安全带来危害，确保安全生产。本规定适用于化工企业粉体物料加工、贮存、卸料、运输及包装设计。

[6]1.3.14 环境卫生设备专用标准

[6]1.3.14.1 《医疗废物转运车技术要求（试行）》（GB 19217-2003）

本标准规定了医疗废物转运车的特殊要求，适用于对已定型的保温车、冷藏车进行适当改造，用于转运医疗废物的专用货车。

[6]1.3.14.2 《医疗废物焚烧炉技术要求》（GB 19218-2003）

本标准适用于处理医疗废物的焚烧炉的设计、制造。

[6]1.3.14.3 《扫路车》（QC/T 51-2006）

本标准规定了扫路车的术语和定义、要求、试验方法、检验规则、标志、使用说明书及随车文件、运输和储存，适用于各类扫路车。

[6]1.3.14.4 《真空吸污车分类》（CJ/T 88-1999）

本标准规定了真空吸污车的术语和定义、型号和基本参数，适用于装载质量为 10 t（包括 10 t）以下，利用定型汽车底盘或自行设计专用地盘的自卸式真空吸污车。

[6]1.3.14.5 《真空吸污车技术条件》（CJ/T 89-1999）

本标准规定了真空吸污车的技术要求、检验规则，以及产品标志、包装、运输、贮存的要求，适用于装载质量为 10 t（包括 10 t）以下，采用定型汽车底盘或自行设计专用底盘的真空吸污车。

[6]1.3.14.6 《真空吸污车性能试验方法》（CJ/T 90-1999）

本标准规定了真空吸污车的性能试验方法，适用于按 CJ/T89-1999 生产的装载质量为 10 t（包括 10 t）以下的真空吸污车。

[6]1.3.14.7 《真空吸污车可靠性试验方法》（CJ/T 91-1999）

本标准规定了真空吸污车的可靠性试验方法，吸污车的可靠性是指吸污车在规定条件下和规定的行驶里程（或时间）内完成规定作业功能的能力。本标准适用于按 CJ/T 89-1999 生产的真空吸污车。

[6]1.3.14.8 《压缩式垃圾车》（CJ/T 127-2000）

本标准规定了压缩式垃圾车的定义、产品型号、技术要求、试验方法、检验规则及标志等，适用于压缩式垃圾车。

[6]1.3.14.9 《垃圾生化处理机》（CJ/T 227-2006）

本标准规定了垃圾生化处理设备的术语、分类、型号、技术要求、试验方法、检验规则、标志、包装、运输、储存等，适用于使用微生物菌剂对可堆肥处理的生活垃圾进行生化处理的设备。

[6]1.3.14.10 《工程洒水车》（JTT 288-1995）

本标准规定了洒水车的分类及参数、技术要求、试验方法、检验规格和标志、包装、运输与储运，适用于以定型汽车底盘改装的汽车式、半挂汽车列车式工程洒水车，其他类型洒水车可参照执行。

[6]1.3.14.11 《垃圾填埋场压实机技术要求》（CJ/T 301-2008）

本标准规定了垃圾填埋场用压实机的分类、要求、试验方法、检验规则以及标志、包装盒贮存。本标准适用于生活垃圾填埋场使用的压实机。

[6]1.3.14.12 《扫路车技术条件》（QC/T 29111-1993）

本标准规定了扫路车的术语、技术要求、试验方法、检验规则及产品标志、包装、运输、贮存，适用于各类扫路车。

[6]1.3.14.13 《垃圾车技术条件》（QC/T 29112-1993）

本标准规定了垃圾车的术语、技术要求、试验方法、检验规则、标志、运输和贮存，适用于各种类型的垃圾车。

[6]1.3.14.14 《洒水车技术条件》（QC/T 29114-1993）

本标准规定了洒水车的术语、技术要求、试验方法、检验规则、标志、运输、贮存及质量保证，适用于罐体有效容积不大于 15 kL 的洒水车。

[6]1.3.14.15 《垃圾容器 五吨车用集装箱》（CJ/T 5025-1997）

本标准规定了垃圾容器五吨车用集装箱的规格、技术要求、试验方法及标志。本标准适用于地坑式垃圾转运站汽车用五吨集装箱的设计与试验。其他吨位车用集装箱，可参照使用。对采用非起重提升的其他转运方式用集装箱不适用本标准。

[6]1.3.15 其他环境卫生设备专用标准

[6]1.3.15.1 《城镇垃圾农用控制标准》（GB 8172-87）

本标准的制定是为了防止城镇垃圾农用对土壤、农作物、水体的污染，而为了保护农业生态环境，保证农作物正常生长。本标准适用于供农田施用的各种腐熟的城镇生活垃圾和城镇垃圾堆肥工厂的产品，不准混入工业垃圾及其他废物。

[6]1.3.15.2 《旅店业卫生标准》（GB 9663-96）

本标准规定了各类旅店客房的空气质量、噪声、照度和公共用品消毒等标准值及其卫生要求，适用于各类旅店，不适用于车马店。

[6]1.3.15.3 《文化娱乐场所卫生标准》（GB 9664-96）

本标准规定了文化娱乐场所的微小气候、空气质量、噪声、通风等卫生标准值及卫生要求，适用于影剧院（俱乐部）、音乐厅、录像厅（室）、游艺厅、舞厅（包括卡拉 OK 歌厅）、酒吧、茶座、咖啡厅及多功能文化娱乐场所等。

[6]1.3.15.4 《公共浴室卫生标准》（GB 9665-96）

本标准规定了公共浴室的室温、空气质量和水温等标准值及其卫生要求，适用于各类公共浴室。

[6]1.3.15.5 《理发店、美容店卫生标准》（GB 9666-96）

本标准规定了理发店、美容院（店）的空气卫生标准值及其卫生要求，适用于理发店、美容院（店）。

[6]1.3.15.6 《游泳场所卫生标准》（GB 9667-96）

本标准规定了室内外游泳场所的水质和游泳馆的空气质量等标准值及其卫生要求，适用于一切人工和天然游泳场所。

[6]1.3.15.7 《体育馆卫生标准》（GB 9668-96）

本标准规定了体育馆内的微小气候、空气质量、通风等标准值及其卫生要求，适用于观众座位在 1 000 个以上的体育馆。

[6]1.3.15.8 《图书馆、博物馆、美术馆、展览馆卫生标准》（GB 9669-96）

本标准规定了图书馆、博物馆、美术馆和展览馆的微小气候、空气质量、噪声、照度等标准值及其卫生要求，适用于图书馆、博物馆、美术馆和展览馆。

[6]1.3.15.9 《商场（店）、书店卫生标准》（GB 9670-96）

本标准规定了商场（店）、书店的微小气候、空气质量、噪声、照度等标准值及其卫生要求，适用于城市营业面积在 300 m² 以上和县、乡、镇营业面积在 200m² 以上的室内场所、书店。

[6]1.3.15.10 《医院候诊室卫生标准》（GB 9671-96）

本标准规定了医院候诊室的微小气候、空气质量、噪声和照度等标准值及其卫生要求，适用于区、县级以上医院（含区、县级）的候诊室（包括挂号、取药等候室）。

[6]1.3.15.11 《公共交通等候室卫生标准》（GB 9672-96）

本标准规定了公共交通等候室的微小气候、空气质量、噪声、照度等标准值及其卫生要求，适用于特等和一、二等站的火车候车室，二等以上的候船室，机场候机室和二等以上的长途汽车站候车室。

[6]1.3.15.12 《公共交通工具卫生标准》（GB 9673-96）

本标准规定了旅客列车车厢、轮船客舱、飞机客舱的微小气候、空气质量、噪声、照度等标准值及其卫生要求，适用于旅客列车车厢、轮船客舱、飞机客舱等场所。

[6]1.3.15.13 《城市公共厕所卫生标准》（GB/T 17217-98）

本标准规定了城市公共厕所卫生标准值及其卫生要求，适用于城市及远离城市旅游区公共厕所的规范设计、管理和卫生监测评价，集镇公共厕所可参照本标准执行。

[6]1.3.15.14 《公共场所卫生监测技术规范》（GB/T 17220-98）

本规范规定了公共场所开展卫生监测的技术要求，适用于公共场所开展卫生监测的工作。

[6]1.3.15.15 《免水冲卫生厕所》（GB/T 18092-2008）

本标准规定了免水冲卫生厕所及其厕具的分类、技术要求、试验方法、检验规则及标志，适用于免水冲卫生厕所及其厕具的设计、制造和产品验收。

[6]1.3.15.16 《公共场所卫生标准检验方法》（GB/T 18204.1-30.2000）

本标准包含 30 个子标准，规定了公共场所空气细菌总数、茶具微生物总数、空气中甲醛等多个指标的测定方法。

[6]1.3.15.17 《机动车辆清洗站工程技术规范》（CJJ 71-2000）

标准适用于城镇机动车辆清洗站新建工程，主要内容是规定机动车辆清洗站的选址、平剖面设计、建筑设计、清洗设备和供配电系统、给水排水及污水处理系统、施工及验收。

[6]1.3.15.18 《地下水环境监测技术规范》（HJ/T 164-2004）

本规范适用于地下水的环境监测，包括向国家直接报送监测数据的国控监测井，省（自治区、直辖市）级、市（地）级、县级控制监测井的背景值监测和污染控制监测，不适用于地下热水、矿水、盐水和卤水。

[6]1.3.15.19 《建筑机械与设备噪声测量方法》（JG/T 5079.2-1996）

本标准规定了建筑机械与设备正常作业时辐射噪声测量的场所要求、机器工况、测点位置、测量仪器及测量数据处理，适用于JG/T5079.1所规定机器的A声级测量，其他设备、其他工况的噪声A声级的测量，亦可参照适用。

[6]1.3.16 结构工程专用标准

[6]1.3.16.1 《复合地基技术规范》（GB/T 50783-2012）

本规范适用于复合地基的设计、施工及质量检验，主要内容包括复合地基勘察要点，复合地基计算，深层搅拌桩复合地基，高压旋喷桩复合地基，灰土挤密桩复合地基，夯实水泥土桩复合地基，石灰桩复合地基，挤密砂石桩复合地基，置换砂石桩复合地基，强夯置换墩复合地基，刚性桩复合地基，长-短桩复合地基，桩网复合地基，复合地基检测与检测要点等。

[6]1.3.16.2 《膨胀土地区建筑技术规范》（GB 50112-2013）

本规范适用于膨胀土地区的工业与民用建筑的勘察、设计、施工和维护管理，主要内容为膨胀土的判别，膨胀土地基的分级，膨胀与收缩变形的计算，湿陷系数的计算方法，膨胀土地基设计方法、处理方法，坡地建筑地基水平膨胀的防治措施，膨胀土中桩的设计方法以及膨胀土地基的施工与维护等。

[6]1.3.16.3 《湿陷性黄土地区建筑规范》（GB 50025-2004）

本规范适用于湿陷性黄土地区工业与民用建筑物、构筑物及其附属工程的勘察、设计、施工和维护管理，主要内容为湿陷性黄土的判别、黄土地基的设计、沉降计算、黄土地基处理的方法、防水与结构措施等。

[6]1.3.16.4 《建筑边坡工程技术规范》（GB 50330-2002）

本规范适用于建（构）筑物及市政工程的边坡工程，也适用于岩石基坑工程。本规范的主要内容包括：建造房屋等建筑工程所应考虑的场地地质条件、规划、荷载和减灾措施等设计原则，岩、土边坡的地质勘察，稳定性评价，侧向岩、土压力的计算，各类锚固结构及挡墙的设计方法，以及工程滑坡、危岩、崩塌的防治，边坡工程的施工和监测。

[6]1.3.16.5 《锚杆喷射混凝土支护技术规范》（GB 50086-2001）

本规范主要适用于矿山巷道、竖井、斜井、铁路隧道、公路隧道、城市地铁、水工隧洞及各类地下工程的锚杆喷射混凝土初期支护和后期支护，也适用于边坡工程的锚杆喷射混凝土支护的施工。

[6]1.3.16.6 《复合土钉墙基坑支护技术规范》（GB 50739-2011）

本规范适用于建筑与市政工程中复合土钉墙基抗支护工程的勘察、设计、施工、检测和监测。

[6]1.3.16.7 《混凝土结构耐久性设计规范》（GB/T 50476-2008）

本规范适用于处于恶劣环境中混凝土结构的耐久性设计。本规范按不同的环境类别及设计使用年限，对各类混凝土结构材料的力学、化学性能提出要求，对附加构造或保护措施以及施工质量控制、使用维护等作出规定。

[6]1.3.16.8 《给水排水工程构筑物结构设计规范》（GB 50069-2002）

本规范适用于城镇公用设施和工业企业中一般给水排水工程构筑物的结构设计；不适用于工业企业中具有特殊要求的给水排水工程构筑物的结构设计。其主要内容包括：给水排水工程构筑物结构设计的适用范围，主要符号，材料性能要求，各种作用的标准值，作用的分项系数和组合系数，承载能力极限状态和正常使用极限状态，以及构造要求等。

[6]1.3.16.9 《高耸结构设计规范》（GB 50135-2006）

本规范适用于钢及钢筋混凝土高耸结构，包括广播电视塔、通信塔、导航塔等构筑物的设计。内容包括：高耸结构的内力分析、设计原则、设计方法、构造措施及施工要求等。

[6]1.3.16.10 《给水排水工程管道结构设计规范》（GB 50332-2002）

本规范适用于城镇公用设施和工业企业中的一般给水排水工程管道的结构设计，不适用于工业企业中具有特殊要求的给水排水工程管道的结构设计。

[6]1.3.16.11 《烟囱设计规范》（GB 50051-2013）

本规范适用于砖烟囱、钢筋混凝土烟囱、钢烟囱、套筒式烟囱、多管式烟囱、烟囱基础和烟道设计。

[6]1.3.16.12 《室外给水排水和燃气热力工程抗震设计规范》（GB 50032-2003）

本规范适用于抗震设防烈度为 6 度至 9 度地区的室外给水、排水和燃气、热力工程设施的抗震设计，对抗震设防烈度高于 9 度或有特殊抗震要求的工程抗震设计应按专门研究的规定设计。其主要内容包括：城镇给排水、燃气和热力等地下管线和相应的加压、减压站抗震设计的设防目标、基本要求、场地选择、地基基础抗震验算和处理、地震作用取值和构件抗震承载力验算，并针对地下管线的受力特点规定了有别于地上管线的抗震计算和抗震构造措施。

[6]1.3.16.13 《给水排水构筑物工程施工及验收规范》（GB 50141-2008）

本规范适用于给水排水构筑物工程的施工及质量验收。其主要内容包括：给水排水构筑物工程及其分项工程施工技术、质量、施工安全方面的规定；施工质量验收的标准、内容和程序。

[6]1.3.16.14 《烟囱工程施工及验收规范》（GB 50078-2008）

本规范适用于砖烟囱和钢筋混凝土烟囱工程的施工及验收。

[6]1.3.16.15 《市政工程勘察规范》（CJJ 56-2012）

本规范适用于城市规划区内桥涵和人行地下道、过街桥；室外给水、排水和煤气、热力，以及输油、输气管道；防洪墙、防汛（坡）堤和驳岸；城市道路和广场、停车场工程的勘察。

[6]1.3.16.16 《建筑桩基技术规范》（JGJ 94-2008）

本规范适用于各类建筑（包括构筑物）桩基的设计、施工与验收。其主要内容包括：桩基构造，桩基计算，灌注桩、预制桩和钢桩的施工，承台设计与施工，桩基工程质量检查及验收。

[6]1.3.16.17 《大直径扩底灌注桩技术规程》（JGJ/T 225-2010）

本规程适用于各类建筑工程的大直径扩底灌注桩的勘察、设计、施工及质量检验。其主要技术内容包括大直径扩底灌注桩的基本规定、设计基本资料与勘察要求、基本构造、设计计算、施工要点、质量检查及验收等。

[6]1.3.16.18 《建筑地基处理技术规范》（JGJ 79-2012）

本规范适用于建筑工程地基处理的设计、施工和质量检验。

[6]1.3.16.19 《冻土地区建筑地基基础设计规范》（JGJ 118-2011）

本规范适用于冻土地区建筑地基基础的设计，规定了永久冻土和季节性冻土两种建筑地基基础的设计原则和方法。

[6]1.3.16.20 《建筑基坑支护技术规程》（JGJ 120-2012）

本规程适用于一般地质条件下的建筑物和一般构筑物的基坑工程勘察、支护设计、施工、检测及基坑开挖与监控。其主要内容包括：排桩、地下连续墙、水泥土墙、土钉墙、逆作拱墙设计计算、构造要求、施工要点和地下水控制。

[6]1.3.16.21 《钢筋混凝土薄壳结构设计规程》（JGJ 22-2012）

本规程适用于混凝土薄壳结构。在混凝土结构设计规范的基础上，本规程对混凝土薄壳结构特殊的设计计算、构造要求和施工方法作出规定。

[6]1.3.16.22 《水工建筑物抗震设计规范》（DL 5073-2000）

本规范适用于设计烈度为 6～9 度的 1、2、3 级的碾压式土石坝、混凝土重力坝、混凝土拱坝、平原地区水闸、溢洪道、地下结构、进水塔、水电站压力钢管和地面厂房等水工建筑物的抗震设计。

[6]1.3.16.23 《四川省建筑地基基础检测技术规程》（DBJ51/T 014-2013）

本规程适用于四川省行政区域内建设工程的地基基础质量检测。

[6]1.3.16.24 《岩溶地区建筑地基基础技术规范》

在编工程建设国家标准。本规范适用于岩溶地区建筑地基基础的设计，规定了岩溶地区建筑地基基础的设计原则和方法。

[6]1.3.16.25 《垃圾坝工程技术规范》

待编四川省工程建设地方标准。为适应垃圾填埋处理工程建设发展的需要，规范垃圾坝设计，使垃圾坝设计做到安全适用、经济合理、保证质量，急需制定本规范。

[6]1.3.17 电气工程专用标准

[6]1.3.17.1 《工业与民用电力装置的过电压保护设计规范》（GB J64-1983）

本规范适用于工业、交通、电力、邮电、财贸、文教等各行业 35 kV 及以下电力装置的过电压保护设计。其主要内容是规定了避雷针和避雷线、过电压保护装置、架空线路的保护、变电所（配电所）的保护、架空配电网的保护、旋转电机的保护、其他设备的保护等设计的原则和要求。

[6]1.3.17.2 《建筑设计防火规范》（GB 50016-2006）

本规范适用于下列新建、扩建和改建的建筑：（1）9 层及 9 层以下的居住建筑（包括设置商业服务网点的居住建筑）；（2）建筑高度小于等于 24.0 m 的公共建筑；（3）建筑高度大于 24.0 m 的单层公共建筑；（4）地下、半地下建筑（包括建筑附属的地下室、半地下室）；（5）厂房；（6）仓库；（7）甲、乙、丙类液体储罐（区）；（8）可燃、助燃气体储罐（区）；（9）可燃材料堆场；（10）城市交通隧道。本规范不适用于炸药厂房（仓库）、花炮厂房（仓库）的建筑防火设计。人民防空工程、石油和天然气工程、石油化工企业、火力发电厂与变电站等的建筑防火设计，当有专门的国家现行标准时，宜从其规定。本规范主要内容是规定了建筑设计防火的原则和要求。

[6]1.3.17.3 《建筑照明设计标准》（GB 50034-2004）

本标准适用于新建、改建和扩建的居住、公共和工业建筑的照明设计。其主要内容是规定了居住、公共和工业建筑的照明标准值、照明质量和照明功率密度等设计的原则和要求。

[6]1.3.17.4 《供配电系统设计规范》（GB 50052-2009）

本规范适用于新建、扩建和改建工程的用户端供配电系统的设计。其主要内容是规定了负荷等级及供电要求、电源及供电系统、电压选择和电能质量、无功补偿、低压配电等设计的原则和要求。

[6]1.3.17.5 《10 kV 及以下变电所设计规范》（GB 50053-2013）

本规范适用于交流电压 10 kV 及以下新建、扩建或改建工程的变电所设计。其主要内容是规定了 10 kV 及以下变电所设计的原则和要求。

[6]1.3.17.6 《低压配电设计规范》（GB 50054-2011）

本规范适用于新建、改建和扩建工程中交流、工频 1 000 V 及以下的低压配电设计。其主要内容是规定了电器与导体的选择、配电设备的布置、电气装置的电击防护、配电线路的保护和配电线路的敷设等设计的原则和要求。

[6]1.3.17.7 《通用用电设备配电设计规范》（GB 50055-2011）

本规范适用于下列通用用电设备的配电设计：（1）额定功率大于或等于 0.55 kW 的一般用途电动机；（2）电动桥式起重机、电动梁式起重机、门式起重机和电动葫芦，胶带输送机运输线、载重大于 300 kg 的电力拖动的室内电梯和自动扶梯；（3）电弧焊机、电阻焊机和电渣焊机；（4）电镀用的直流电源设备；（5）牵引用铅酸蓄电池、启动用铅酸蓄电池、固定型阀控式密闭铅酸蓄电池和镉镍蓄电池的充电装置；（6）直流电压为 40～80 kV 的除尘、除焦油等静电滤清器的电源装置；（7）室内日用电器。本规范的主要内容是规定了通用用电设备设计的原则和要求。

[6]1.3.17.8 《电热设备电力装置设计规范》（GB 50056-93）

本规范适用于新建的电弧炉、矿热炉、感应电炉、感应加热器和电阻炉等电热装置的设计。其主要内容是规定了电热设备电力装置设计的原则和要求。

[6]1.3.17.9 《建筑物防雷设计规范》（GB 50057-2010）

本规范适用于新建、扩建、改建建（构）筑物的防雷设计。其主要内容是规定了建（构）筑物防雷分类、建（构）筑物的防雷措施、防雷装置、防雷击电磁脉冲等设计的原则和要求。

[6]1.3.17.10 《爆炸和火灾危险环境电力装置设计规范》（GB 50058-2014）

本规范适用于在生产、加工、处理、转运或贮存过程中出现或可能出现爆炸和火灾危险环境的新建、扩建和改建工程的电力设计。规范不适用于下列环境：（1）矿井井下；（2）制造、使用或贮存火药、炸药和起爆药等的环境；（3）利用电能进行生产并与生产工艺过程直接关联的电解、电镀等电气装置区域；（4）蓄电池室；（5）使用强氧化剂以及不用外来点火源就能自行起火的物质的环境；（6）水、陆、空交通运输工具及海上油井平台。本规范的主要内容是规定了爆炸和火灾危险环境电力装置设计的原则和要求。

[6]1.3.17.11 《35～110 kV 变电所设计规范》（GB 50059-2011）

本规范适用于电压 35～110 kV、单台变压器容量 5 000 kV·A 及以上的新建变电站设计。其主要内容是规定了 35～110 kV 变电站设计的一般原则和要求。

[6]**1.3.17.12** 《3～110 kV 高压配电装置设计规范》（GB 50060-2008）

本规范适用于新建和扩建 3～110 kV 高压配电装置工程的设计，主要内容是规定了 3～110 kV 高压配电装置设计的原则和要求。

[6]**1.3.17.13** 《66 kV 及以下架空电力线路设计规范》（GB 50061-2010）

本规范适用于 66 kV 及以下交流架空电力线路（简称架空电力线路）的设计，主要内容是规定了 66 kV 及以下交流架空电力线路设计的原则和要求。

[6]**1.3.17.14** 《电力装置的继电保护和自动装置设计规范》（GB 50062-2008）

本规范适用于 3～110 kV 电力线路和设备、单机容量为 50 MW 及以下发电机、63 MV·A 及以下电力变压器等电力装置的继电保护和自动装置的设计。其主要内容是规定了发电机保护、电力变压器保护、3～66 kV 电力线路保护、110 kV 电力线路保护、母线保护、电力电容器和电抗器保护、3 kV 及以上电动机保护、自动重合闸、备用电源和备用设备的自动投入装置、自动低频低压减负荷装置、同步并列、自动调节励磁及自动灭磁、二次回路及相关设备等设计的原则和要求。

[6]**1.3.17.15** 《电力装置的电气测量仪表装置设计规范》（GB 50063-2008）

本规范适用于单机容量为750～25 000 kW 的火力发电厂、单机容量为200～10 000 kW 的水力发电厂和电压等级为 110 kV 及以下的变（配）电所新建或扩建的工程设计。其主要内容是规定了常用测量仪表、电能计量、二次回路、仪表安装条件等设计的原则和要求。

[6]**1.3.17.16** 《交流电气装置的接地设计规范》（GB/T 50065-2011）

本规范适用于交流标称电压 1 kV 以上至 750 kV 的发电、变电、送电和配电高压电气装置，以及 1 kV 及以下低压电气装置的接地设计。其主要内容是规定了高压电气装置接地；发电厂和变电站的接地网；高压架空线路和电缆线路的接地；高压配电电气装置的接地；低压系统接地形式、架空线路的接地、电气装置的接地电阻和保护总等电位联结系统；低压电气装置的接地装置和保护导体等设计的原则和要求。

[6]**1.3.17.17** 《火灾自动报警系统设计规范》（GB 50116-2013）

本规范适用于工业与民用建筑内设置的火灾自动报警系统，不适用于生产和贮存火药、炸药、弹药、火工品等场所设置的火灾自动报警系统。其主要内容是规定了系统保护对象分级及火灾探测器设置部位、报警区域和探测区域的划分、系统设计、消防控制室和消防联动控制、火灾探测器的选择、火灾探测器和手动火灾报警按钮的设置、系统供电、布线等设计的原则和要求。

[6]**1.3.17.18** 《电气装置安装工程高压电气施工及验收规范》（GB 50147-2010）

本规范适用于交流 3～750 kV 电压等级的六氟化硫断路器、气体绝缘金属封闭开关设备（GIS）、复合电器（HGIS）、真空断路器、高压开关柜、隔离开关、负荷开关、高压熔断器、避雷器和中性点放电间隙、干式电抗器和阻波器、电容器等高压电器安装工程的施工及质量验收。其主要内容是规定了六氟化硫断路器，气体绝缘金属封闭开关设备，真空断路器和高压开关柜，断路器的操动机构，隔离开关、负荷开关及高压熔断器，避雷器和中性点放电间隙，干式电抗器和阻波器，电容器等施工及验收的原则和要求。

[6]1.3.17.19 《电气装置安装工程电力变压器、油浸电抗器、互感器施工及验收规范》（GB 50148-2010）

本规范适用于交流 3～750 kV 电压等级电力变压器、油浸电抗器、电压互感器及电流互感器施工及验收，消弧线圈的安装可按本规范的有关规定执行。本规范的主要内容是规定了电力变压器、油浸电抗器、互感器等施工及验收的原则和要求。

[6]1.3.17.20 《电气装置安装工程母线装置施工及验收规范》（GB 50149-2010）

本规范适用于 750 kV 及以下母线装置安装工程的施工及验收。其主要内容是规定了母线安装、绝缘子与穿墙套管安装、工程交接验收等施工及验收的原则和要求。

[6]1.3.17.21 《电气装置安装工程电气设备交接试验标准》（GB 50150-2006）

本标准适用于 500 kV 及以下电压等级新安装的、按照国家相关出厂试验标准试验合格的电气设备交接试验。本标准不适用于安装在煤矿井下或其他有爆炸危险场所的电气设备。本标准的主要内容是规定了同步发电机及调相机，直流电机，中频发电机，交流电动机，电力变压器，电抗器及消弧线圈，互感器，油断电路，空气及磁吹断路器，真空断路器，六氟化硫断路器，六氟化硫封闭式组合电器，隔离开关、负荷开关及高压熔断器，套管，悬式绝缘子和支柱绝缘子，电力电缆线路，电容器，绝缘油和 SF_6 气体，避雷器，电除尘器，二次回路，1 kV 及以下电压等级配电装置和馈电线路，1 kV 以上架空电力线路，接地装置，低压电器等交接试验的原则和要求。

[6]1.3.17.22 《火灾自动报警系统施工及验收规范》（GB 50166-2007）

本规范适用于工业与民用建筑设置的火灾自动报警系统的施工及验收，不适用于生产和贮存火药、炸药、弹药、火工品等有爆炸危险的场所设置的火灾自动报警系统的施工及验收。其主要内容是规定了基本规定、系统施工、系统调试、系统的验收、系统的使用和维护等施工及验收的原则和要求。

[6]1.3.17.23 《电气装置安装工程电缆线路施工及验收规范》（GB 50168-2006）

本规范适用于 500 kV 及以下电力电缆、控制电缆线路安装工程的施工及验收，主要内容是规定了电力电缆线路安装工程及附属设备和构筑物设施的施工及验收的技术要求。

[6]1.3.17.24 《电气装置安装工程接地装置施工及验收规范》（GB 50169-2006）

本规范适用于电气装置的接地装置安装工程的施工及验收，主要内容是规定了电气装置的接地、工程交接验收等施工及验收的原则和要求。

[6]1.3.17.25 《电气装置安装工程旋转电机施工及验收规范》（GB 50170-2006）

本规范适用于旋转电机中的汽轮发电机、调相机和电动机安装工程的施工及验收，不适用于水轮发电机的施工及验收，主要内容是规定了汽轮发电机和调相机、电动机、工程交接验收等施工及验收的原则和要求。

[6]1.3.17.26 《电气装置安装工程盘、柜及二次回路结线施工及验收规范》（GB 50171-2012）

本规范适用于各类配电盘、保护盘、控制盘、屏、台、箱和成套柜等及其二次回路结线安装工程的施工及验收。其主要内容是规定了盘、柜的安装，盘、柜上的电器安装，二次回路接线，盘、柜及二次系统接地，质量验收等施工及验收的原则和要求。

[6]1.3.17.27 《电气装置安装工程蓄电池施工及验收规范》（GB 50172-2012）

本规范适用于电压为 24 V 及以上、容量为 30 A·h 及以上的固定型铅酸蓄电池组和容量为 10 A·h 及以上的镉镍碱性蓄电池组安装工程的施工及验收。其主要内容是规定了铅酸蓄电池组、镉镍碱性蓄电池组、端电池切换器、工程交接验收等施工及验收的原则和要求。

[6]1.3.17.28 《电气装置安装工程 35 kV 及以下架空电力线路施工及验收规范》（GB 50173-92）

本规范适用于 35 kV 及以下架空电力线路新建工程的施工及验收。35 kV 及以下架空电力线路的大档距及铁塔安装工程的施工及验收，应按现行国家标准《110～500 kV 架空电力线路施工及验收规范》的有关规定执行。有特殊要求的 35 kV 及以下架空电力线路安装工程，尚应符合有关专业规范的规定。本规范的主要内容是规定了原材料及器材检验、电杆基坑及基础埋设、电杆组立与绝缘子安装、拉线安装、导线架设、10 kV 及以下架空电力线路上的电气设备、接户线、接地工程、工程交接验收等施工及验收的原则和要求。

[6]1.3.17.29 《电力工程电缆设计规范》（GB 50217-2007）

本规范适用于新建、扩建的电力工程中 500 kV 及以下电力电缆和控制电缆的选择与敷设设计，主要内容是规定了电缆形式与截面选择、电缆附件的选择与配置、电缆敷设、电缆的支持与固定、电缆防火与阻止延燃等设计的原则和要求。

[6]1.3.17.30 《并联电容器装置设计规范》（GB 50227-2008）

本规范适用于 750 kV 及以下电压等级的变电站、配电站（室）中无功补偿用三相交流高压、低压并联电容器装置的新建、扩建工程设计，主要内容是规定了接入电网基本要求、电气接线、电器和导体选择、保护装置和投切装置、控制回路、信号回路和测量仪表、布置和安装设计、防火与通风等设计的原则和要求。

[6]**1.3.17.31** 《电气装置安装工程低压电器施工及验收规范》（GB 50254-96）

本规范适用于交流 50 Hz 额定电压 1 200 V 及以下、直流额定电压为 1 500 V 及以下且在正常条件下安装和调整试验的通用低压电器，不适用于无须固定安装的家用电器、电力系统保护电器、电工仪器仪表、变送器、电子计算机系统及成套盘、柜、箱上电器的安装和验收。其主要内容是：一般规定；低压断路器；低压隔离开关、刀开关、转换开关及熔断器组合电器；住宅电器、漏电保护器及消防电气设备；低压接触器及电动机起动器；控制器、继电器及行程开关；电阻器及变阻器；电磁铁；熔断器；工程交接验收等施工及验收的原则和要求。

[6]**1.3.17.32** 《电气装置安装工程电力变流设备施工及验收规范》（GB 50255-2014）

本规范适用于电力电子器件及变流变压器等组成的电力变流设备安装工程的施工、调试及验收。其主要内容是规定了电力变流设备的冷却系统、电力变流设备的安装、电力变流设备的试验、电力变流设备的工程交接验收等施工及验收的原则和要求。

[6]**1.3.17.33** 《电气装置安装工程起重机电气装置施工及验收规范》（GB 50256-96）

本规范适用于额定电压 0.5 kV 以下新安装的各式起重机、电动葫芦的电气装置和 3 kV 及以下滑接线安装工程的施工及验收，主要内容是规定了滑接线和滑接器、配线、电气设备及保护装置、工程交接验收等施工及验收的原则和要求。

[6]**1.3.17.34** 《电气装置安装工程爆炸和火灾危险环境电气装置施工及验收规范》（GB 50257-96）

本规范适用于在生产、加工、处理、转运或贮存过程中出现或可能出现气体、蒸气、粉尘、纤维爆炸性混合物和火灾危险物质环境的电气装置安装工程的施工及验收。本规范不适用于下列环境：（1）矿井井下；（2）制造、使用、贮存火药、炸药、起爆药等爆炸物质的环境；（3）利用电能进行生产并与生产工艺过程直接关联的电解、电镀等电气装置区域；（4）使用强氧化剂以及不用外来点火源就能自行起火的物质的环境；（5）蓄电池室；（6）水、陆、空交通运输工具及海上油、气井平台。本规范的主要内容是规定了防爆电气设备的安装、爆炸危险环境的电气线路、火灾危险环境的电气装置、接地、工程交接验收等施工及验收的原则和要求。

[6]**1.3.17.35** 《电力设施抗震设计规范》（GB 50260-2013）

本规范适用于抗震设防烈度 6～9 度地区的新建、扩建、改建的下列电力设施的抗震设计：（1）单机容量为 12～1 000 MW 火力发电厂的电力设施；（2）单机容量为 10 MW 及以上水力发电厂的有关电气设施；（3）电压等级为 110～750 kV 交流输变电工程中的电力设施；（4）电压等级为 ±660 kV 及以下直流输变电工程中的电力设施；（5）电力通信微波塔及其基础。本规范的主要内容是规定了场地、选址与总体布置、电气设施地震作用、电气设施、火力发电厂和变电站的建（构）筑物、送电线路杆塔及微波塔等设计的原则和要求。

[6]1.3.17.36 《工业企业电气设备抗震设计规范》（GB 50556-2010）

本规范适用于设计基本地震加速度值小于或等于 0.4g（即抗震防设烈度 9 度及以下）地区，且电压为 220 kV 及以下的工业企业电气设备的抗震设计。设计基本地震加速度值大于 0.40g 地区或行业有特殊要求的工业企业电气设备，其抗震设计应按国家有关专门规定执行。本规范的主要内容是规定了抗震设计基本要求、变配电所电气设备布置、抗震计算、电气设备安装设计的抗震措施等设计的原则和要求。

[6]1.3.17.37 《1 kV 及以下配线工程施工与验收规范》（GB 50575-2010）

本规范适用于建筑物、构筑物中 1 kV 及以下配线工程的施工及验收，主要内容是规定了配管、配线、工程验收等施工及验收的原则和要求。

[6]1.3.17.38 《建筑物防雷工程施工与质量验收规范》（GB 50601-2010）

本规范适用于新建、改建和扩建建筑物防雷工程的施工与质量验收，主要内容是规定了基本规定、接地装置分项工程、引下线分项工程、接闪器分项工程、等电位连接分项工程、屏蔽分项工程、综合布线分项工程、电涌保护器分项工程和工程质量验收等施工及验收的原则和要求。

[6]1.3.17.39 《建筑电气照明装置施工与验收规范》（GB 50617-2010）

本规范适用于工业与民用建筑物、构筑物中电气照明装置安装工程的施工与工程交接验收。其主要内容是：基本规定；灯具；插座、开关、风扇；照明配电箱（板）；通电试运行及测量；工程交接验收等施工及验收的原则和要求。

[6]1.3.17.40 《埋地钢质管道交流干扰防护技术标准》（GB/T 50698-2011）

本标准适用于管道交流干扰的调查与测量、交流干扰腐蚀防护工程的设计、施工和维护。其主要内容是：基本规定、调查与测试、交流干扰防护措施、防护系统的调整及效果评价、管道安装中的干扰防护、运行与管理等设计的原则和要求。

[6]1.3.17.41 《电力系统安全自动装置设计规范》（GB/T 50703-2011）

本规范适用于 35 kV 及以上电压等级的电力系统安全自动装置设计，低电压等级（10 kV 及以下）的电力系统安全自动装置设计也可执行本规范。其主要内容是规定了电力系统安全稳定计算分析原则、安全自动装置的主要控制措施、安全自动装置的配置等设计的原则和要求。

[6]1.3.17.42 《特殊环境条件高原用低压电器技术要求》（GB/T 206645-2006）

本标准规定了高原环境下低压电器共有的补充技术要求，包括定义、电器的有关资料、结构和性能要求、特性、试验方法等，适用于安装在海拔 2 000 m 以上至 5 000 m 的低压电器，该电器用于连接额定电压交流不超过 1 000 V 或直流不超过 1 500 V 的电路。

[6]1.3.17.43 《民用建筑电气设计规范》（JGJ 16-2008）

本规范用于城镇新建、改建和扩建的民用建筑的电气设计，不适用于人防工程、燃气加压站、汽车加油站的电气设计。其主要内容是：供配电系统；配变电所；继电保护及电气测量；自备应急电源；低压配电；配电线路布线系统；常用设备电气装置；电气照明；民用建筑物防雷；接地和特殊场所的安全防护；火灾自动报警系统；安全技术防范系统；有线电视和卫星电视接收系统；广播、扩声与会议系统；呼应信号及信息显示；建筑设备监控系统；计算机网络系统；通信网络系统；综合布线系统；电磁兼容与电磁环境卫生；电子信息设备机房；锅炉房热工检测与控制等设计的原则和要求。

[6]1.3.17.44 《施工现场临时用电安全技术规范》（JGJ 46-2005）

本规范适用于新建、改建和扩建的工业与民用建筑和市政基础设施施工现场，临时用电工程中的电源中性点直接接地的 220/380 V 三相四线制低压电力系统的设计、安装、使用、维修和拆除。其主要内容是规定了临时用电管理、外电线路及电气设备防护、接地与防雷、配电室及自备电源、配电线路、配电箱及开关箱、电动建筑机械和手持式电动工具、照明等设计的原则和要求。

[6]1.3.17.45 《矿物绝缘电缆敷设技术规程》（JGJ 232-2011）

本规程适用于额定电压为 750 V 及以下工业与民用建筑中矿物绝缘电力电缆、矿物绝缘控制电缆敷设的设计、施工及验收，主要内容是规定了矿物绝缘电缆敷设在设计、施工、验收等方面的原则和要求。

[6]1.3.17.46 《住宅建筑电气设计规范》（JGJ 242-2011）

本标准适用于城镇新建、改建和扩建的住宅建筑的电气设计，不适用于住宅建筑附设的防空地下室工程的电气设计，主要内容是规定了供配电系统、配变电所、自备电源、低压配电、配电线路布线系统、常用设备电气装置、电气照明、防雷与接地、信息设施系统、信息化应用系统、建筑设备管理系统、公共安全系统、机房工程等设计的原则和要求。

[6]1.3.17.47 《电气火灾监控系统设计施工及验收规范》（DB51/ 1418-2012）

本规范适用于新建、改建、扩建的工业与民用建筑内电气火灾监控系统的设计、安装、调试、验收和维护，主要内容是规定了设置场所、系统设计、施工安装、系统验收、维护管理等的原则和要求。

[6]1.3.18 自控工程专用标准

[6]1.3.18.1 《自动化仪表工程施工及质量验收规范》（GB 50093-2013）

本规范适用于工业和民用仪表工程施工质量的验收，主要内容为规定了自动化仪表工程施工质量的验收要求。

[6]1.3.18.2 《工业电视系统工程设计规范》（GB 50115-2009）

本规范适用于新建、改建和扩建的工业电视系统工程的设计，对改建和扩建的工程项目，应从实际出发，有效利用已有资源。本规范的主要内容是规定了工业电视系统工程的系统设计，设备选择，设备布置，监控室，传输与线路敷设，供电、接地与防雷等设计原则和要求。

[6]1.3.18.3 《电子信息系统机房设计规范》（GB 50174-2008）

本规范适用于新建、改建和扩建建筑物中的电子信息系统机房设计。其主要内容是规定了电子信息系统机房的机房分级与性能要求、机房位置及设备布置、环境要求、建筑与结构、空气调节、电气、电磁屏蔽、机房布线、机房监控与安全防范、给水排水、消防等设计原则和要求。

[6]1.3.18.4 《民用闭路监视电视系统工程技术规范》（GB 50198-2011）

本规范适用于以民用监视为主要目的的闭路电视系统的新建、改建和扩建工程的设计、施工及验收。其主要内容是规定了民用闭路监视电视系统的工程设计、工程施工、工程验收等原则和要求。

[6]1.3.18.5 《有线电视系统工程技术规范》（GB50200-94）（2007 年版）

本规范适用于下列信号传输方式的有线电视系统的新建、扩建和改建工程的设计、施工及验收：射频同轴电缆；射频同轴电缆与光缆组合；射频同轴电缆与微波组合。其主要内容是规定了有线电视系统的工程设计、工程施工、工程验收等原则和要求。

[6]1.3.18.6 《综合布线系统工程设计规范》（GB 50311-2007）

本规范适用于新建、扩建、改建建筑与建筑群综合布线系统的工程设计。其主要内容是规定了综合布线系统的系统设计、系统配置设计、系统指标、安装工艺要求、电气防护及接地、防火等设计原则和要求。

[6]1.3.18.7 《综合布线系统工程验收规范》（GB 50312-2007）

本规范适用于新建、扩建和改建建筑与建筑群综合布线系统工程的验收，主要内容是规定了建筑与建筑群综合布线系统工程施工质量检查、随工检验和竣工验收等工作的技术要求。

[6]1.3.18.8 《消防通信指挥系统设计规范》（GB 50313-2013）

本规范适用于新建、改建、扩建的消防通信指挥系统的设计。其主要内容是规定了消防通信指挥系统的系统技术构成；系统功能及主要性能要求；系统设备的配置及其功能要求；系统的软件及其设计要求；系统的供电、接地、布线及设备用房要求；系统相关环境技术条件等设计原则和要求。

[6]1.3.18.9 《建筑物电子信息系统防雷技术规范》（GB 50343-2012）

本规范适用于新建、扩建、改建的建筑物电子信息系统防雷的设计、施工、验收、维护和管理。本规范不适用于易燃、易爆危险环境和场所的电子信息系统防雷。其主要内容是规定了雷电防护分区、雷电防护分级、防雷设计、防雷施工、施工质量验收、维护与管理等原则和要求。

[6]1.3.18.10 《入侵报警系统工程设计规范》（GB 50394-2007）

本规范适用于以安全防范为目的的新建、改建、扩建的各类建筑物（构筑物）及其群体的入侵报警系统工程的设计。其主要内容是规定了入侵报警系统工程的基本规定；系统构成；系统设计；设备选型与设置；传输方式、线缆选型与布线；供电、防雷与接地；系统安全性、可靠性、电磁兼容性、环境适用性；监控中心等设计原则和要求。

[6]1.3.18.11 《视频安防监控系统工程设计规范》（GB 50395-2007）

本规范适用于以安全防范为目的的新建、改建、扩建的各类建筑物（构筑物）及其群体的视频安防监控系统工程的设计。其主要内容是：视频安防监控系统工程的基本规定；系统构成；系统功能、性能设计；设备选型与设置；传输方式、线缆选型与布线；供电、防雷与接地；系统安全性、可靠性、电磁兼容性、环境适用性；监控中心等设计原则和要求。

[6]1.3.18.12 《出入口控制系统工程设计规范》（GB 50396-2007）

本规范适用于以安全防范为目的的新建、改建、扩建的各类建筑物（构筑物）及其群体的出入口控制系统工程的设计。其主要内容是：出入口控制系统工程的基本规定；系统构成；系统功能、性能设计；设备选型与设置；传输方式、线缆选型与布线；供电、防雷与接地；系统安全性、可靠性、电磁兼容性、环境适用性；监控中心等设计原则和要求。

[6]1.3.18.13 《消防通信指挥系统施工及验收规范》（GB 50401-2007）

本规范适用于各类新建、扩建、改建的消防通信指挥系统的施工、验收及维护管理，主要内容是规定了消防通信指挥系统的施工及验收要求。

[6]1.3.18.14 《城市消防远程监控系统技术规范》（GB 50440-2007）

本规范适用于远程监控系统的设计、施工、验收及运行维护，主要内容是规定了城市消防远程监控系统的基本规定、系统设计、系统配置和设备功能要求、系统施工、系统验收、系统的运行及维护等设计原则和要求。

[6]1.3.18.15 《电子信息系统机房施工及验收规范》（GB 50462-2008）

本规范适用于建筑中新建、改建和扩建的电子信息系统机房工程的施工及验收，主要内容包括电子信息系统机房不同于工业生产厂房和一般建筑，在供配电、静电防护、电磁屏蔽、使用环境、智能化程度、接地特性等方面有特殊要求。

[6]1.3.18.16 《视频显示系统工程技术规范》（GB 50464-2008）

本规范适用于视频显示系统工程的设计、施工及验收，主要内容是规定了视频显示系统工程的分类和分级、视频显示系统工程设计、视频显示系统工程施工、视频显示系统试运行和视频显示系统工程验收等原则和要求。

[6]1.3.18.17 《公共广播系统工程技术规范》（GB 50526-2010）

本规范适用于新建、改建和扩建的公共广播系统电声工程部分的设计、施工和验收，主要内容是规定了公共广播系统工程设计、公共广播系统工程施工、公共广播系统电声性能测量、公共广播系统工程验收等原则和要求。

[6]1.3.18.18 《用户电话交换系统工程设计规范》（GB/T 50622-2010）

本规范适用于新建、改建、扩建用户电话交换系统、调度系统、会议电话系统和呼叫中心工程设计。其主要内容是规定了用户电话交换系统工程的系统类型及组成；组网及中继方式；业务性能与系统功能；信令与接口；中继电路与带宽计算；设备配置；编号及 IP 地址；网络管理；计费系统；传输指标及同步；电源系统设计；机房选址、设计、环境与设备安装要求；接地与防护等设计原则和要求。

[6]1.3.18.19 《用户电话交换系统工程验收规范》（GB/T 50623-2010）

本规范适用于工业企业或其他需用设置调度电话或会议电话的新建或扩建工程的验收，主要内容是规定了调度电话、会议电话、传输线路和接口、建筑等验收原则和要求。

[6]1.3.18.20 《城镇燃气报警控制系统技术规程》（CJJ/T 146-011）

本规程适用于城镇燃气报警控制系统的设计、安装、验收、使用和维护，主要内容是规定了城镇燃气报警控制系统的设计、安装、验收、使用和维护等原则和要求。

附　录　常用项目建设标准

1.《小城镇生活垃圾处理工程建设标准》建标 149-2010

本标准适用于新建和改扩建建设规模为 100 t/d 以下的垃圾填埋场和 50 t/d 以下的垃圾自然发酵（堆肥）厂及垃圾焚烧处理厂。

2.《生活垃圾综合处理工程项目建设标准》建标 153-2011

本建设标准适用于新建的生活垃圾综合处理工程项目。改建、扩建工程项目可参照执行。本建设标准是为生活垃圾综合处理工程项目决策服务与合理确定项目建设水平的全国统一标准，是审批、核准生活垃圾综合处理工程项目的重要依据，也是审查工程项目初步设计和监督检查建设过程的唯一尺度。

3.《生活垃圾收集站建设标准》建标 154-2011

本标准适用于新建生活垃圾收集站工程项目，改建、扩建工程项目可参照执行。本标准是生活垃圾收集站项目决策、项目建设的统一标准，是审批、核准生活垃圾收集站项目建议书、可行性研究报告和项目申请报告的重要依据，也是有关部门对项目初步设计进行审查和对项目建设进行监督检查的尺度。

4.《城市生活垃圾处理和给水与污水处理工程项目建设用地指标》建标〔2005〕157 号

本建设用地指标适用于城市生活垃圾处理和给水与污水处理工程新建项目，改、扩建项目可参照执行。本建设用地指标是编制评估和审批城市生活垃圾处理和给水与污水处理工程项目可行性研究报告，编审初步设计文件，确定项目建设用地规模的依据；是建设用地预审、核定和审批工程项目建设用地规模的尺度。

5.《生活垃圾转运站工程项目建设标准》建标 117-2009

本建设标准适用于新建转运站。改建、扩建项目参照执行。主要对转运站建设规模、主体工程、配套工程等的建设作出规定。

6.《生活垃圾卫生填埋处理工程项目建设标准》建标 124-2009

本建设标准适用于新建的生活垃圾卫生填埋处理工程项目，改建、扩建工程可参照执行。主要对填埋场建设规模、选址、主体工程与设备、配套工程与设备等作出规定。

7.《生活垃圾填埋场封场工程项目建设标准》建标 140-2010

本建设标准是为项目决策服务和控制项目建设水平的全国统一标准，是审批、核准填埋场封场工程项目的重要依据；也是有关部门审查工程项目初步设计和监督检查工程项目整个建设过程的尺度。本建设标准适用于生活垃圾卫生填埋场和简易填埋场的封场工程项目。

8.《生活垃圾堆肥处理工程项目建设标准》建标 141-2010

本建设标准适用于新建生活垃圾堆肥处理工程项目，改扩建工程项目可参照执行。主要对生活垃圾堆肥处理工程的建设规模与项目构成、选址与总图布置、工艺与装备、配套工程等方面做出规定。

9.《生活垃圾焚烧处理工程项目建设标准》建标 142-2010

本标准适用于城市生活垃圾焚烧处理新建工程项目，改、扩建工程项目可参照执行。主要对生活垃圾焚烧处理工程的建设规模与项目构成、选址与总图布置、工艺与装备、配套工程等方面做出规定。